Typenbuch deutsche Feldkolosse

Jürgen Hummel

Typenbuch Deutsche Feldkolosse

Traktoren deutscher Hersteller
von 1920 bis heute

Kosmos

Mit 137 Farbfotos

Die Urheber der Fotos sind beim jeweiligen Text genannt. Die nicht gekennzeichneten Aufnahmen stammen vom Autor. Die Nummern in Klammern bedeuten:
1 Archiv Wolfgang Gebhardt; 2 Archiv Fendt-AGCO GmbH u. Co.; 3 Archiv Deutz-Fahr Agrartechnik GmbH Lauingen / LMP Stuttgart; 4 Archiv Deutsches Landwirtschaftsmuseum Markkleeberg; 5 Rheinisch-Westfälisches Wirtschaftsarchiv Köln; 6 Armin Bauer; 7 Martin Börner; 8 Etienne Gentil; 9 Matthias Hummel; 10 Alexander Oertle; 11 Udo Paulitz; 12 Roland Podewils; 13 Gebhard Schiele.

Umschlag gestaltet von Atelier Jürgen Reichert, Stuttgart. Die Bilder auf der Vorderseite zeigen von oben links nach unten rechts: Schlüter Euro-Trac 1400, Lanz-Zweistoff-Holzgasbulldog, Deutz-Schlepper F4L 514, Radtraktor RS 14/30 Famulus sowie einen Porsche Junior, ein Einzelstück mit hydrostatischem Fahrantrieb; auf der Rückseite ist ein Eicher-Diesel Allrad ED 26 abgebildet. Die Fotos, mit Ausnahme des Famulus, das vom Deutschen Landwirtschaftsmuseum Markkleeberg kommt, stammen vom Autor.

Das Bild von J. Hummel auf der Seite 7 zeigt einen Hanomag R 40.

Lektorat und Herstellung von Siegfried Fischer, Stuttgart

Die Deutsche Bibliothek – CIP-Einheitsaufnahme

Typenbuch deutsche Feldkolosse : Traktoren deutscher Hersteller von 1920 bis heute / Jürgen Hummel. – Stuttgart : Kosmos, 1999
ISBN 3-440-07623-7

ISBN 3-440-07623-7
Printed in Czech Republic/Imprimé en République tchèque
Satz und Repro: Typomedia Satztechnik, Ostfildern
Druck und Bindung: Těšínská Tiskárna AG, Český Tesín

Typenbuch deutsche Feldkolosse

Zu diesem Buch

Die Geschichte des Traktorenbaus setzte schon zur Jahrhundertwende ein. Über Jahrhunderte hinweg waren Tiere zum Ziehen von Lasten und zum Antreiben von Geräten nicht wegzudenken. Entsprechend beschränkt waren die zu erzielenden Erträge. Nicht nur aus Mangel an Düngemitteln blieben die Überschüsse beschränkt: das Pferd oder die Kuh in Mitteleuropa verzehrte ja einen Teil der Ernte als Futter.
Mit der Erfindung des Verbrennungsmotors setzte eine Umkehr ein. Jetzt konnten Maschinen angetrieben werden und die Ernte voll und ganz der ständig wachsenden Bevölkerung zukommen.
Durch die steigende Industrialisierung mußte ein Landwirt immer mehr Menschen ernähren, was nur mit einer mechanisierten Landwirtschaft möglich war.
So ist es nicht verwunderlich, daß bald Motoren in der Landwirtschaft Einzug hielten.
Ein Zwischenschritt war zweifellos die Dampfkraft: mit ihr konnten auch Maschinen angetrieben werden. Bescheidene Transportleistungen auf der Straße, noch bescheidenere im Gelände waren möglich. Dampfpflüge kamen auf und halfen, große Flächen oder nicht kultiviertes Land der Nutzung zu erschließen.
Ein gutes Beispiel hierfür sind die Otto-Meyer-Dampfpflüge, die das Emsland urbar machten. Aber die Dampfmaschinen waren größeren Firmen, Lohnunternehmen und Großbetrieben vorbehalten, der kleine Landwirt blieb außen vor.
Im weiteren Verlauf der Entwicklung setzte sich nach und nach der Ottomotor durch.
Zunächst waren es kleinere Vergasermotoren, die immer zuverlässiger wurden und an deren Verwendung die Pioniere der Mechanisierung um die Jahrhundertwende nicht vorbeikamen. Erste Traktorkonstruktionen von Deutz, Hanomag, Altmann oder Pöhl, um nur einige zu nennen, beweisen dies. Und schließlich nahm der Dieselmotor seinen Siegeszug auf.
Auch die in den 20er und 30er Jahren in großer Zahl gegründeten Firmen sind eng mit dem Verbrennungsmotor verbunden. Sei es bei den Gebrüdern Kramer, bei Fendt oder HELA: immer waren es Tüftler, die den Motor nicht nur als Antrieb für ein Gerät, z.B. ein Mähwerk, nutzen wollten, sondern die auch das Zugtier ersetzen wollten.
Schlüter, Deutz und Güldner waren ohnehin im Motorenbau tätig und konnten schon Erfahrungen vorweisen, ehe sie den Bau von Traktoren aufnahmen.
Es gab eine Vielzahl von großen und kleinen Firmen, die sich mit dem Traktor beschäftigten. Der Motorpflug erwies sich bald als zu einseitig, vielseitige Verwendung war gefragt: Transportaufgaben, Antrieb von Maschinen, Bodenbearbeitung, all dies sollte der Traktor leisten können.
Wie so oft, hatte das Militär bei vielen Entwicklungen Pate gestanden. So kamen nach dem Ersten Weltkrieg viele Zugmaschinen auf den Markt; statt Geschütze zogen sie nun Pflüge oder Anhänger. Ein Beispiel ist der Deutzer Trekker, der aus einer Artillerie-Zugmaschine entwickelt wurde.
Wie immer entstanden auch skurrile Konstruktionen, die sich nicht durchsetzen konnten, aber auch ihren Teil zur Weiterentwicklung beitrugen: an Zügeln gelenkte Motorpflüge, Zugmotoren, Kleinraupen oder Dreiradschlepper, viel zu schwere oder viel zu leichte Zugmaschinen. In den meisten Fällen konnten sich auch deren Hersteller nicht am Markt behaupten.
Spätestens nach dem Ersten Weltkrieg kristallisierte sich die Richtung heraus, in die Technik und Hersteller gehen mußten. Zweifellos war Lanz mit seinem Bulldog der Wegbereiter. Der Ingenieur Huber setzte klar auf den Dieselmotor, Deutz und Daimler-Benz ebenfalls. Motorenhersteller wie MWM oder Kämper boten zuverlässige Antriebsaggregate an.
Die Entwicklung ging weiter. In den 30er Jahren lieferten die großen Firmen schon umfangreiche Typenpaletten aus und konnten auch entsprechende Stückzahlen an Großbetriebe, Güter oder Lohnunternehmer verkaufen.
Nun kam aber auch die Stunde der ehrgeizigen Denker und Bastler. Sie wollten mit weniger Aufwand kleinere Maschinen für kleinere bäuerliche Betriebe anbieten. Fendt, Kramer, Fahr, Normag oder Eicher sind nur einige Beispiele hierfür. Einige dieser Firmen entwickelten sich zu namhaften Unternehmen.
Mit ein Grund für diese Entwicklung war auch die politische Richtung in dieser Zeit: der Bauernstand wurde als ideologische Stütze des Dritten Reiches entdeckt.
Der Zweite Weltkrieg jedoch sorgte für eine gewaltsame Zäsur, alle Kapazitäten mußten der Rüstung vorbehalten bleiben. Einige wenige Hersteller durften aufgrund des Schell-Planes Einheitstraktoren herstellen.
Nach Kriegsende folgte eine schwere Zeit. Die Produktionsanlagen waren zerstört, Kapital und Personal fehlten. Improvisationskunst war notwendig, wie sie in den Gerwi-Motorstieren zum Beispiel verwirklicht wurde. Komponenten von US-Militärfahrzeugen gab es genug. Diese Reste wurden zu Traktoren verarbeitet.
Die Anlagen der Traktorenhersteller in der sowjetisch besetzten Zone wurden demontiert.
Mit dem Marshall-Plan und dem einsetzenden Wirtschaftsaufschwung im Westen wurde der Bedarf an landwirtschaftlichem Gerät auch wieder größer. Die immer stärker anwachsende Stadtbevölkerung wollte ernährt werden. Weniger günstige Räume mit weniger ertragreichen Böden mußten bewirtschaftet werden, was nicht ohne Technik ging. Dies war die Phase, Anfang und Mitte der 50er Jahre, in der eine Vielzahl kleiner und großer Hersteller existierte und große Stückzahlen auf den Markt brachte.
Zu den bekannten Firmen, die schon vor dem Krieg Traktoren hergestellt hatten, gesellten sich neue hinzu. Unter ihnen waren häufig Unternehmen, die aus zugekauften Komponenten Traktoren herstellten, wie Röhr, Sulzer, Gutter, Alpenland, Rothenburger Metallwerke, Wahl, Wesseler, Ensinger oder Kelkel. Diese verschwanden jedoch bald wieder.
Auch Hersteller mit einer gewissen Tradition im Traktorenbau gaben aus unterschiedlichen Gründen den Traktorenbau wieder auf, zum Beispiel Allgaier, Normag oder O & K.
Ohnehin setzte ein Konzentrations- und Verdrängungwettbewerb ein. Die übriggebliebenen Hersteller wollten ihren Ausstoß erhöhen, um letztlich die hohen Entwicklungskosten zu erwirtschaften.

In den 60er Jahren mußten auch namhafte Hersteller das Handtuch werfen oder wurden verkauft: MAN, Porsche, Fahr und Güldner. Hanomag konnte sich bis Anfang der 70er Jahre halten.
Heute sind nur eine Handvoll deutscher bzw. in Deutschland produzierender Unternehmen übriggeblieben. Einige Nischenanbieter konnten sich natürlich über die Jahre hinweg immer behaupten, wie Holder, Schanzlin, Krieger oder Schneider. Sie kamen aber über Nischenprodukte und eine regionale Bedeutung kaum hinaus.
Gegenwärtig sind Fendt, Deutz, John Deere und IHC die maßgebenden Traktorenhersteller in Deutschland. Daimler-Benz mit seinen Unimogs stellt eine Sonderrolle dar. Schlüter und besonders Eicher haben teilweise sehr turbulente Jahre hinter sich. Ihre Chancen, zu überleben suchen sie in Kooperationen mit Firmen in den neuen Bundesländern.
Aber auch die großen Hersteller können allein nicht überleben. Die Globalisierung ist auch in der Landtechnik in vollem Gange, weltweite Kooperation wird gesucht. Deutz ist im Same-Konzern integriert worden, Fendt bei der weltweit agierenden AGCO-Gruppe. IHC hat sich nach fast 70 Jahren aus den deutschen Produktionsstätten zurückgezogen und stellt seine Traktoren in Frankreich, England oder den USA her. John Deere, der mit der Übernahme der Heinrich Lanz AG Vorreiter dieser Entwicklung war, bleibt in Mannheim. Bestimmte Produktgruppen kommen natürlich von anderen Werken aus den Vereinigten Staaten.
Die Firmen der ehemaligen Ostzone sind in den volkseigenen Betrieben aufgegangen. Unter völlig anderen Bedingungen wurde die Technisierung und Mechanisierung der Landwirtschaft energisch vorangetrieben. Die Ergebnisse konnten sich sehen lassen. Das Wissen über Bearbeitung großer Flächen, und die Verarbeitung großer Erntemengen in der DDR-Landwirtschaft war enorm. Bei bestimmten Techniken, wie beispielsweise der Silagegewinnung, war die DDR dem Westen weit voraus. Nicht umsonst konnten sich nach der Wiedervereinigung kleine Unternehmen erneut etablieren: LTS Landtechnik, MTS Cunewalde. Ansonsten wurden sie von den großen Herstellern übernommen.
Die Wiedervereinigung brachte auch den übrigen Traktorenherstellern einen Aufschwung, galt es doch, die großen Flächen mit leistungsstarken Maschinen zu bestellen.
Zur Technik kann folgende Aussage gemacht werden: die moderne Ausstattung eines Traktors unserer Tage kann vom interessierten Zuschauer längst nicht mehr verstanden werden. Die Elektronik hat überall Einzug gehalten. Intelligente Steuerungssysteme, elektronische Datenverarbeitung, sensible Regelungstechnik; der Landwirt selbst kann kaum noch Schritt halten mit diesen Entwicklungen.
Ein vollautomatisches Getriebe, elektrisch betätigte Lastschaltstufen oder Antriebe, Visco-Lüfter, oder eine moderne EHR-Regelung der Hydraulik; es sind oft die kleinen elektronischen Bauteile, die Defekte oder Funktionsstörungen verursachen und mit hohem Arbeitsaufwand und Ersatzteilen, die Pfennigartikel sind, repariert werden müssen. Bei

modernsten Entwicklungen müssen Notsysteme vorgesehen werden, damit im Falle einer Panne wenigstens der Rückweg zum Gehöft angetreten werden kann.
Zu diesem Buch: Mein Bestreben war es, Maschinen deutscher Hersteller von den Anfängen bis heute, möglichst von A bis Z, darzustellen. Um dem Titel „Feldkolosse“ gerecht zu werden, wurde leistungsstärkeren Traktoren der Vorzug gegeben. Das war aber auch das größte Problem, denn stärkere und schwerere Schlepper waren seltener und teurer. Sie mußten auch mehr leisten, als ihre schwächeren Kollegen. Entsprechend verschlissen, gingen sie entweder sofort den Weg allen alten Eisens oder sie wurden weiter verkauft, um Geld für den Nachfolger zu erbringen. Dies bescherte ihnen auch keine ruhigeren Tage.
Regionale Besonderheiten kamen hinzu: nur wo große Flächen zu bewirtschaften waren, mußten auch große Traktoren gearbeitet haben.
Es sollten so weit wie irgend möglich aktuelle Fotos gezeigt werden. Große Maschinen werfen hier auch Probleme auf, denn ein 18-PS-Fendt ist leichter aufzubewahren (und auch auf ein Traktorentreffen zu transportieren) als ein 75-PS-Güldner oder ein 60-PS-Röhr. Also galt es, Sammlerstücke aufzuspüren.
Von Maschinen aber, die nur in wenigen Stückzahlen gebaut wurden (z.B. große HELA-Allradschlepper, Allgaier A 40, Deutz D 9005 Allrad) existieren noch weniger Sammlerstücke. So war es nicht einfach, allen Ansprüchen gerecht zu werden. Ich denke aber, es ist eine gute, repräsentative Auswahl geworden.
Ich möchte mich bei allen bedanken, die zum Gelingen dieses Werkes beigetragen haben. Dem Verlag, daß er das verlegerische Risiko auf sich genommen hat. Den Archiven der Firmen Fendt und Deutz-Fahr und Herrn Soénius vom Rheinisch-Westfälischen Wirtschaftsarchiv, die mich unterstützt haben. Etienne Gentil, der mit IHC- und CASE-Bildern ausgeholfen hat. Frau Dr. Schindler und Herrn Irmler vom Deutschen Landwirtschaftsmuseum Markkleeberg, die die Traktorenindustrie der ehemaligen DDR ins rechte Licht gerückt haben. Den vielen hier nicht genannten Besitzern der abgebildeten Maschinen für das Herausholen aus den Scheunen, Hallen und Schuppen, in die richtige Position fahren und Auskunft erteilen und nicht zuletzt meiner Frau und meinen Kindern für die Geduld und Unterstützung bei diesem Werk.
Allen Lesern wünsche ich viel Spaß bei der Lektüre.

Jürgen Hummel
Stuttgart, im Oktober 1998

Allgaier, eine 1906 im schwäbischen Uhingen gegründete Werkzeugmaschinenfabrik, baute nach dem Krieg zunächst einfache Traktoren: Auf einen Kastenrahmen kam ein liegender Einzylinder-Motor (anfangs von Kaelble) mit Verdampfungskühlung zum Einbau, das selbst hergestellte Getriebe wurde über drei Keilriemen angetrieben. Motorhauben gab es erst später. Von diesen 18, 22 bzw. 24 PS starken Einzylinder-Typen wurden mehrere Tausend gebaut.
Der stärkste Typ (und nur in geringen Stückzahlen gebaut) war der Allgaier A 40, der ab 1950 angeboten wurde. Der neu konstruierte Motor hatte zwei Zylinder und war stehend eingebaut. Das selbst gebaute Getriebe hielt hohen Belastungen nicht stand. Nachdem es häufig Probleme und Schäden gab, wurde beim Allgaier A 40 Z ein ZF-Getriebe eingebaut.
Heute gibt es von diesem seltenen Traktor noch drei oder vier Exemplare sowie angeblich einige Nachbauten aus Straßenwalzenmotoren und -getrieben. (6)

Technische Daten Allgaier A 40

Motor	Viertakt-Diesel Allgaier Wirbelkammer	Gewicht (kg)	2000
Zylinder	2 (stehend)	Getriebe/Gänge (V/R)	6/1 (Eigenbau, später ZF)
Bohrung × Hub	130 × 150	Länge × Breite (mm)	3060 × 1600 bis 2230
Hubraum (cm³)	3680	Geschwindigkeit (km/h)	25
Leistung (PS)	40	Baujahr/Prod.-Zeitraum	1950–1952 (Baumuster Z bis 1953
Drehzahl (U/min)	1500	Besonderheiten	Preis: 11 400.– DM
Kühlung	Wasser (Umlaufkühlung)	Stückzahlen	ca. 300

Die Allgaier-Porsche-Reihe A 122, 133, 144 wurde ab 1951 in Zusammenarbeit mit Porsche entwickelt. Sie wurde unter dem Namen Allgaier-Porsche bei der Porsche-Dieselmotorenbau in Friedrichshafen gebaut.
Moderne, leistungsstarke Traktoren mit Motoren aus einem Baukastensystem und kostengünstige Fertigung sollten erfolgreiche Zulassungszahlen bringen. Auch technisch waren die Traktoren mit neuesten Errungenschaften ausgestattet, eben echte Porsche-Konstruktionen. Die ölhydraulische Strömungskupplung von Voith beweist dies. Damit stand der A 122 mit dem Hanomag ATK technisch sozusagen auf einer Stufe.
Hier ein Vertreter dieser Baureihe, leider kein Drei- oder Vierzylinder-Typ, die entsprechend selten sind, sondern „nur" ein A 122, der ab 1953 angeboten wurde. Der Schlepper ist technisch und optisch hervorragend restauriert. Beachtenswert ist der Mähwerksantrieb.

Technische Daten Allgaier-Porsche A 122

Motor	Viertakt-Diesel Allgaier Wirbelkammer	Gewicht (kg)	1475
Zylinder	2	Getriebe/Gänge (V/R)	5/1 Porsche
Bohrung × Hub	116 × 95	Länge × Breite (mm)	2640 × 1522
Hubraum (cm^3)	1644	Geschwindigkeit (km/h)	28
Leistung (PS)	22	Baujahr/Prod.-Zeitraum	1955 / 1953–1955
Drehzahl (U/min)	2000	Besonderheiten	Exportmaschine, fahrzeug-kupplungsunabhängige Zapfwelle, F. u. S.-Einscheibentrockenkupplung
Kühlung	Luft	Stückzahlen	–

1890 wurde im oberschwäbischen Saulgau die Landmaschinenfabrik Bautz gegründet. Zunächst wurden dort vor allem Erntemaschinen hergestellt. Um als Traktorenhersteller am Erfolg der aufblühenden Landwirtschft nach dem Krieg teilnehmen zu können, baute man ab 1950 zunächst den Zanker-Schlepper nach. 1951 wurden eigene Baureihen mit Motoren von MWM (in Einzelfällen auch Güldner) und ZF-Getriebe entwickelt. Der hier abgebildete AW 180 H befindet sich seit seiner Auslieferung im Familienbesitz und läuft heute noch.

Anfang der 60er Jahre wurden von Bautz auch noch englische Nuffield-Traktoren vertrieben, nachdem der Absatz eigener Schlepper schon zurückging. Bautz gab dann bald darauf die Traktorenproduktion schon wieder auf, nachdem noch in Zusammenarbeit mit Hanomag-Anhängemähdrescher für Hanomag-Schlepper gebaut worden waren. Danach wurden Bautz-Mähdrescher produziert. Seit 1969 werden in den Produktionsstätten Claas-Erzeugnisse hergestellt.

Technische Daten Bautz AW 180 H

Motor	Viertakt-Diesel MWM KD 211 Z Wirbelkammer	Gewicht (kg)	1270
Zylinder	2	Getriebe/Gänge (V/R)	5/1 ZF
Bohrung × Hub	85 × 110	Länge × Breite (mm)	2680 × 1585–1740
Hubraum (cm³)	1250	Geschwindigkeit (km/h)	18
Leistung (PS)	18	Baujahr/Prod.-Zeitraum	1957
Drehzahl (U/min)	2000	Besonderheiten	Fulmina-Lenkung, Blockbauweise
Kühlung	Wasser	Stückzahlen	–

Die Benz & Cie. Abt. Benzwerke Gaggenau stellte schon 1919 einen „Landtraktor“ vor, der als reine Zugmaschine konzipiert war. Mit der Motorenfabrik München Sendling zusammen wurde der Benz-Sendling-Traktor entworfen.1928 brachte dann die Daimler-Benz AG mit dem OE einen relativ modernen Traktor auf den Markt, vermutlich noch eine Konstruktion von Benz-Sendling. Er war für Feldarbeiten eisen-, für Transportarbeiten vollgummibereift.

Der OE mit dem liegenden Dieselmotor ähnelte dem Lanz-Bulldog, mit dem er auch in Konkurrenz treten sollte. Auch der OE konnte mit umfangreichem Zubehör ausgestattet werden: bis hin zu Sandstreu-Einrichtungen, um be glatter Straße die Traktion zu erhöhen.
Die Stückzahlen beweisen allerdings, daß Daimler-Benz weit vom Verkaufserfolg des Lanz-Bulldogs entfernt war. (9)

Technische Daten Mercedes-Benz OE

Motor	Viertakt-Diesel MB Vorkammer	Gewicht (kg)	ca. 2560
Zylinder	1 liegend	Getriebe/Gänge (V/R)	3/1 (Eigenbau)
Bohrung × Hub	150 × 140	Länge × Breite (mm)	2360 × 1720
Hubraum (cm^3)	4239	Geschwindigkeit (km/h)	3,1/4,5/6,2/4,0
Leistung (PS)	26	Baujahr/Prod.-Zeitraum	1928–1935
Drehzahl (U/min)	800	Besonderheiten	Blockbauweise, Verdampfungskühlung
Kühlung	Wasser	Stückzahlen	ca. 380

Der Unimog, Abkürzung für **Uni**versal-**Mo**tor-**G**erät, ist eine Konstruktion aus dem Jahr 1946. Er sollte als Universalfahrzeug sowohl Ackerschlepper als auch Straßenzugmaschine sein.
Seine herausragenden Konstruktionsmerkmale waren:
Allradantrieb mit Differentialsperren,
gefederte Achsen,
50 km/h Höchstgeschwindigkeit,
Rahmenbauart,
kippbare Ladefläche mit 1 t Tragfähigkeit,
zweisitziges Fahrerhaus mit Verdeck,
Zapfwellenantrieb für Front- und Heckanbaugeräte,
außerdem Geräteanbau vorne, in der Mitte und hinten.

Technische Daten U 411

Motor	Viertakt-Diesel OM 636 Vorkammer	Gewicht (kg)	3200
Zylinder	4	Getriebe/Gänge (V/R)	6/2 + 2 Kriechgänge (Eigenbau)
Bohrung × Hub	75 × 100	Länge × Breite (mm)	3460 × 1630
Hubraum (cm^3)	1767	Geschwindigkeit (km/h)	50
Leistung (PS)	34	Baujahr/Prod.-Zeitraum	1958
Drehzahl (U/min)	2550	Besonderheiten	unsynchronisiertes Getriebe, Kriechgang mit 300 m/h, Motor vom Pkw 180 Diesel
Kühlung	Wasser	Stückzahlen	1958: 2735 gesamt alle Ausführungen: 39581

Es waren Daimler-Ingenieure, die ihre Ideen in einer Schwäbisch Gmünder Schmuckwarenfabrik zu Prototypen realisierten. Vorschriften der Alliierten zwangen Daimler-Benz zu diesem Umweg. Die weitere Fertigung mußte mangels Kapazitäten in Schwäbisch Gmünd zur Fa. Böhringer bei Göppingen (auch in Baden-Württemberg) verlagert werden. Dort entstanden die ersten Unimogs mit dem Ochsenkopf, dem Emblem der Fa. Böhringer. Böhringer hatte aber keine Vertriebsstruktur, die Stückzahlen waren klein, der Preis hoch (ca. 14000.– DM). Expandieren oder die Produktion einstellen waren die Alternativen. Der Ausweg war schließlich der Verkauf der Unimog-Produktion an das Gaggenauer Werk von Daimler-Benz.
Der hier gezeigte Unimog in geschlossener Ausführung hat eine hydraulische Kippanlage.

Technische Daten U 411 117 (U34)

Motor	Viertakt-Diesel OM 636	Gewicht (kg)	3500
Zylinder	4	Getriebe/Gänge (V/R)	6/2
Bohrung × Hub	75 × 100	Länge × Breite (mm)	3520 × 1630
Hubraum (cm³)	1767	Geschwindigkeit (km/h)	53
Leistung (PS)	34	Baujahr/Prod.-Zeitraum	1961
Drehzahl (U/min)	2550	Besonderheiten	Allradantrieb, Synchrongetriebe, Hydraulik, Druckluft, Kriechgänge
Kühlung	Wasser	Stückzahlen	1961: 4840 (alle Ausführungen)

Schon bald war der Trend absehbar, demzufolge sich das Einsatzgebiet des Unimog von der Landwirtschaft weg zur Industrie- und Kommunalverwendung ändern würde. Der Unimog war vielen Landwirten einfach zu teuer, manche Arbeiten auf dem Felde ließen sich mit Traktoren immer noch besser ausführen.
Dennoch schwörten manche Landwirte weiterhin (und tun es heute noch) auf den Unimog. Seine Vorzüge hinsichtlich Fahrkomfort und Geschwindigkeit sind einfach nicht zu leugnen.
Dieser Unimog 421 ist mit einem Front-Seitenmähwerk ausgerüstet – eine echte Rarität, die heute noch eingesetzt wird. Auch bei diesem Motor griff man auf ein bewährtes Pkw-Aggregat aus dem eigenen Unternehmen zurück.

Technische Daten U 421

Motor	Viertakt-Diesel	Gewicht (kg)	2450
Zylinder	4	Getriebe/Gänge (V/R)	6/2
Bohrung × Hub	84 × 87	Länge × Breite (mm)	3860 × 1790
Hubraum (cm^3)	1909	Geschwindigkeit (km/h)	50
Leistung (PS)	40	Baujahr/Prod.-Zeitraum	1967
Drehzahl (U/min)	3000	Besonderheiten	Front-Seitenmähwerk, Motor des Pkw 200 D
Kühlung	Wasser	Stückzahlen	1967: 285, alle Ausführungen gesamt: 17312

Der Unimog U 406 ist mit einem Sechszylinder-Dieselmotor ausgestattet. Damit war genügend Leistung für schwere Arbeiten vorhanden. Immer noch war das Sechsgang-Getriebe mit vier Straßen- und zwei Geländegängen Standardausrüstung. Selbstverständlich konnten weitere Varianten (Kriech- und Zwischengänge) bestellt werden. Dieser U 406 wird natürlich hauptsächlich als Zugmaschine eingesetzt. Vor dem Pflug bewährte er sich trotz entsprechender Ackerreifen mangels Regelhydraulik nicht so sehr. Auch läßt die Übersichtlichkeit bei vielen Feldarbeiten zu wünschen übrig.

Zwei Jahre nachdem der abgebildete Unimog gebaut wurde, im Jahr 1971, lief in Gaggenau der 150000. Unimog vom Band.

Technische Daten U 406

Motor	Viertakt-Diesel OM 312 U Direkteinspritzer	Gewicht (kg)	5000
Zylinder	6	Getriebe/Gänge (V/R)	6/2
Bohrung × Hub	90 × 120	Länge × Breite (mm)	4000 × 2000
Hubraum (cm^3)	4580	Geschwindigkeit (km/h)	65
Leistung (PS)	65	Baujahr/Prod.-Zeitraum	1969
Drehzahl (U/min)	2550	Besonderheiten	keine Regelhydraulik
Kühlung	Wasser	Stückzahlen	gesamt: 36130

Der Unimog sollte zwar ein Fahrzeug für die Landwirtschaft sein, aber entfernte sich mit der Zeit immer mehr von diesem Einsatzzweck. Der Preis blieb sehr hoch, mit dem Aufkommen von 40 km/h schnellen Traktoren fiel der Vorteil der Geschwindigkeit weg, und für viele landwirtschaftliche Arbeiten war der Unimog mit seinen gefederten Achsen einfach nicht geeignet (speziell Frontladerarbeiten oder schwere Geräte an der Dreipunkt-Hydraulik). Außerdem gab es mit dem MB-Trac ja auch Konkurrenz aus dem eigenen Hause. Der Einsatzzweck beschränkte sich auf Transportarbeiten. So auch bei diesem U 1000, der heute noch dafür eingesetzt wird.

In den 70er Jahren festigte Daimler-Benz seinen Anteil bei den Ackerschlepper-Zulassungen und lag auf dem 6. Platz. Bis Ende der 80er Jahre konnten 220 000 Unimogs verkauft werden.

Technische Daten U 1000

Motor	Viertakt-Diesel OM 352 Direkteinspritzer	Gewicht (kg)	3620
Zylinder	6	Getriebe/Gänge (V/R)	8/8
Bohrung × Hub	97 × 128	Länge × Breite (mm)	4150 × 2140
Hubraum (cm³)	5675	Geschwindigkeit (km/h)	75
Leistung (PS)	95	Baujahr/Prod.-Zeitraum	ab 1973
Drehzahl (U/min)	2400	Besonderheiten	Scheibenbremsen
Kühlung	Wasser	Stückzahlen	bis 1984: 2316

Das Prinzip des Unimog war vielversprechend. Um für landwirtschaftliche Arbeiten noch bessere Fahrzeuge anbieten zu können, gingen die Überlegungen in Richtung MB-Trac. Nach Versuchen, die schon ab 1967 durchgeführt wurden, konnte 1972 auf der DLG-Ausstellung in Hannover der erste MB-Trac vorgestellt werden. Er wies viele Konstruktionsmerkmale des Unimog auf: drei Anbauräume, gleich große Räder, Allradantrieb. Die Sicht aus dem modernen, zentral angeordneten Führerhaus war optimal, die Zugkraftverteilung durch die Kopflastigkeit wesentlich günstiger als beim Unimog.

Der MB-Trac bewährte sich vor allem mit Anbaugeräten vorne und hinten sowie Dünger- oder Spritzmitteltanks auf der Ladefläche. Auch der Frontanbau war Anfang der 70er Jahre bei den „reinrassigen" Traktoren noch nicht sehr weit verbreitet.

Technische Daten MB Trac 700

Motor	Viertakt-Diesel OM 314 Direkteinspritzer	Gewicht (kg)	3595
Zylinder	4	Getriebe/Gänge (V/R)	14/8 (Eigenbau)
Bohrung × Hub	97 × 128	Länge × Breite (mm)	4150 × 2000
Hubraum (cm^3)	3780	Geschwindigkeit (km/h)	25 oder 40
Leistung (PS)	65	Baujahr/Prod.-Zeitraum	ab 1973
Drehzahl (U/min)	2400	Besonderheiten	Preis 1974: 38000.– DM 1983: 67000.– DM Hydraulische Trommelbremsen an allen Rädern
Kühlung	Wasser	Stückzahlen	bis 1984: 4848

Der MB-Trac wurde ständig weiterentwickelt: mehr Leistung, andere Getriebeabstufung, mehr Gänge, mehr Hubkraft, sowie neue Techniken der Hydraulik- und Zugkraftregelung wurden eingebaut.
Er sollte nicht nur in der Landwirtschaft, sondern auch von Kommunen oder Straßenbaufirmen eingesetzt werden können.
Doch 1991 entschied sich der Konzern nach über 41000 verkauften MB-Tracs für das Aus. Auch eine Kooperation mit Deutz-Fahr Mitte der 80er Jahre, die ihre Erfahrungen des Intrac in das Gemeinschaftsprojekt einbrachte, konnte nicht den gewünschten Erfolg erzielen. Heute wird von der Landtechnik Schöneberg (LTS) ein Trac-Schlepper gebaut und verkauft, der seine nahe Verwandtschaft zum MB-Trac nicht leugnen kann.

Technische Daten MB-Trac 1300 Turbo

Motor	Viertakt-Diesel OM 352 A Turbo	Gewicht (kg)	5880
Zylinder	6	Getriebe/Gänge (V/R)	14/14 (Eigenbau)
Bohrung × Hub	97 × 128	Länge × Breite (mm)	4680 × 2500
Hubraum (cm^3)	5675	Geschwindigkeit (km/h)	40
Leistung (PS)	125 (92 kW)	Baujahr/Prod.-Zeitraum	1989 / ab 1976
Drehzahl (U/min)	2500	Besonderheiten	Druckluft Trommel bremsen an allen Rädern, Preis 1983: ca. 117000.– DM
Kühlung	Wasser	Stückzahlen	bis 1984: 2558

Der Traktorenbau bei Deutz reicht bis in den Beginn dieses Jahrhunderts zurück: mit der Pfluglokomotive und dem Deutzer Trekker stiegen die Klöckner-Humboldt-Deutz-Werke in diese Technik ein, nachdem schon ausreichend Erfahrungen aus dem Motorenbau vorlagen. Es waren reine Zugmaschinen, die die vielseitige Verwendung des Traktors bei weitem noch nicht gewährleisten konnten.

Die Pfluglokomotive war eine relativ einfache Konstruktion: auf einem Stahlrahmen war ein 25 PS starker Motor aufgebaut. Der Antrieb wurde noch mit Ketten bewerkstelligt. Das Gerät diente eher dazu, Lasten oder Maschinen (Dreschmaschinen) zu bewegen. Diese konnten dann mit der Riemenscheibe angetrieben werden. (5)

Technische Daten Deutz-Pfluglokomotive

Motor	Viertakt-Benzol/Benzin Vergaser-Motor	Gewicht (kg)	ca. 3000
Zylinder	4 (quer angeordnet)	Getriebe/Gänge (V/R)	1/1 (Eigenbau)
Bohrung × Hub	–	Länge (mm)	2780
Hubraum (cm³)	–	Geschwindigkeit (km/h)	5 (v + r)
Leistung (PS)	ca. 25	Baujahr/Prod.-Zeitraum	ab 1907
Drehzahl (U/min)	800	Besonderheiten	Kettenantrieb
Kühlung	Wasser	Stückzahlen	–

Der Deutzer Trekker wurde in der Werbung als Motorpflug, Lokomobile und Zugmaschine angepriesen.
Im Prinzip war es eine Zugmaschine, die mit automobilähnlichen Komponenten ausgestattet war: gefederte Achsen und Achsschenkellenkung.
Der Ursprung des Deutzer Trekkers liegt in der Rüstungstechnik: es handelte sich um eine Zugmaschine für Artilleriegeschütze.

Der Trekker, die Bezeichnung hat sich in Norddeutschland bis heute als Bezeichnung für den Traktor schlechthin gehalten, wurde nach zeitgenössischen Aussagen weniger in der Landwirtschaft als vielmehr in der Forstwirtschaft eingesetzt, wo er sich mit einer Seilwinde recht gut bewährte. Nur wenige Fahrzeuge wurden innerhalb des kurzen Produktionszeitraumes gebaut. (5)

Technische Daten Deutzer Trekker

Motor	Viertakt-Benzol/Benzin-Vergaser-Motor Deutz	Gewicht (kg)	ca. 3650
Zylinder	4	Getriebe/Gänge (V/R)	3/1 (Eigenbau)
Bohrung × Hub	100 × 150	Länge × Breite (mm)	4640 × 1872
Hubraum (cm^3)	4710	Geschwindigkeit (km/h)	ca. 10
Leistung (PS)	30/33	Baujahr/Prod.-Zeitraum	1919
Drehzahl (U/min)	1000	Besonderheiten	Antriebsraddurchmesser: 2000 mm
Kühlung	Wasser	Stückzahlen	–

Der erste Dieselschlepper von Deutz, der MTH, ähnelte äußerlich dem 12er-Lanz-Bulldog. Er war ebenfalls als fahrbare Antriebsquelle gedacht. Er wurde ja auch von einem Deutz-Stationärmotor MAH angetrieben. Im Stationärmotorenbau hatte Deutz bereits eine jahrzehntelange Erfahrung erworben.

Der Deutz MTH war in Blockbauweise ausgeführt: Motor und Getriebe bildeten ein tragendes Teil, auf einen eigenständigen Rahmen konnte so verzichtet werden.

Haupteinsatzgebiet, wie auf dem historischen Foto ersichtlich, war der Lohndrescher, der mit seinem MTH die Dreschmaschine von Dorf zu Dorf zog, um sie dann mit der Riemenscheibe auch gleich anzutreiben. (5)

Technische Daten Deutz MTH 222

Motor	Viertakt-Diesel Deutz MAH 222 Vorkammer	Gewicht (kg)	ca. 2600
Zylinder	1 (liegend)	Getriebe/Gänge (V/R)	2/1
Bohrung × Hub	135 × 200	Länge × Breite (mm)	2245 × 1420
Hubraum (cm^3)	3861	Geschwindigkeit (km/h)	8
Leistung (PS)	14	Baujahr/Prod.-Zeitraum	ab 1926
Drehzahl (U/min)	600	Besonderheiten	Verdampfungskühlung, Vollscheibenräder
Kühlung	Wasser/Verdampfung	Stückzahlen	–

Der Deutz MTZ mit liegendem Zweizylinder-Dieselmotor folgte auf den MTH. Er war noch im Programm, da wurde in den Entwicklungsbüros bei Deutz schon an seinem Nachfolger gearbeitet. 1933/34 konnte die Stahlschlepper-Baureihe der Öffentlichkeit vorgestellt werden. Der Name erklärt sich folgendermaßen: das Getriebegehäuse wurde aus verschweißtem Stahlblech hergestellt. Es wurde direkt an den Motor angeflanscht. Mit der Ölwanne aus Stahlguß diente der Motor als tragendes Element: die rahmenlose Blockbauweise begann sich als wichtigstes Merkmal im Traktorenbau durchzusetzen. Der wassergekühlte Motor F2M 315 wurde stehend eingebaut. Ursprünglich waren die meisten Maschinen für den Einsatz auf dem Feld eisenbereift. (5)

Technische Daten Deutz-Stahlschlepper

Motor	Viertakt-Diesel F2M 315 Vorkammer	Gewicht (kg)	ca. 2800
Zylinder	2	Getriebe/Gänge (V/R)	3, 4 oder 5/1 (Eigenbau)
Bohrung × Hub	120 × 150	Länge × Breite (mm)	3090–3280 × 1600–1740
Hubraum (cm³)	3390	Geschwindigkeit (km/h)	11 bzw. 17
Leistung (PS)	25, später 28	Baujahr/Prod.-Zeitraum	ab 1934–1942
Drehzahl (U/min)	1200	Besonderheiten	Blockbauweise
Kühlung	Wasser	Stückzahlen	bis 1942: 988

Die Stahlschlepper-Baureihe entwickelte sich hervorragend. Bis 1944 konnten vom Zweizylinder-Typ ca. 12000 verkauft werden, vom Dreizylinder ca. 6500 Stück.
Die Stahlschlepper wurden entweder eisen-, elastik- oder gummibereift angeboten. Es gab umfangreiches Zubehör zu kaufen: Kotflügel, Riemenscheibe, Zapfwelle, Windschutzscheibe, Dach, festes Fahrerhaus oder eine Druckluft-Bremsanlage für den Anhängerbetrieb.

Der 50-PS-Typ mit dem Dreizylinder-Motor zählte zu den stärksten Traktoren. Er mußte sich vor schweren Geräten auf dem Feld bewähren, wurde aber auch häufig von Speditionen für Zugarbeiten eingesetzt, in der ehemaligen DDR teilweise bis in die 80er Jahre hinein. Auch bei Zirkusunternehmen und Schaustellern war der Stahlschlepper beliebt. Hergestellt wurde er übrigens im Ulmer Deutz-Werk (11)

Technische Daten Deutz-Stahlschlepper

Motor	Viertakt-Diesel F3M 317 Vorkammer	Gewicht (kg)	3970
Zylinder	3	Getriebe/Gänge (V/R)	5/1
Bohrung × Hub	120 × 170	Länge × Breite (mm)	3600 × 1930
Hubraum (cm³)	5768	Geschwindigkeit (km/h)	20 bis 28
Leistung (PS)	50	Baujahr/Prod.-Zeitraum	1948 / 1935–1953
Drehzahl (U/min)	1300	Besonderheiten	Straßenausführung mit Druckluftanlage, Preis 1949: 15700,– DM
Kühlung	Wasser	Stückzahlen:	insgesamt 8646

Bis 1964 war der F4L514 der stärkste Radschlepper im Programm von Klöckner-Humboldt-Deutz in Köln. Der Motor war eigentlich eine Entwicklung für die Wehrmacht (für Artilleriezugmaschinen) aus dem Jahre 1942. Deutz setzte sich im Wettbewerb gegen Konstruktionen von Daimler-Benz und Tatra durch.
Zu Beginn seiner Serienproduktion war der F4L514 ein Traktor, dem man genug Kraftreserven für schwere Arbeiten in großen Betrieben und schwierigen Böden zutraute.
Der hier gezeigten Maschine aus dem Jahre 1959 sieht man die harten Tage allerdings nicht mehr an: sie wurde vorbildlich restauriert. Die luftgekühlten Wirbelkammermotoren der FL514-Baureihe trieben Schlepper mit 15, 28/30, 42–52, 60 und Raupen mit 90 PS an.

Technische Daten Deutz-Schlepper F4L 514

Motor	Viertakt-Diesel F4L514 Wirbelkammer	Gewicht (kg)	ca. 3050
Zylinder	4 Reihe	Getriebe/Gänge (V/R)	5/1 od. 7/2 (ZF bzw. ZP A26)
Bohrung × Hub	110 × 140	Länge × Breite (mm)	3750 × 1890
Hubraum (cm^3)	5320	Geschwindigkeit (km/h)	25
Leistung (PS)	60, später 65	Baujahr/Prod.-Zeitraum	1952–1965
Drehzahl (U/min)	1650	Besonderheiten	Halbrahmenbauweise, Hydraulik, Druckluftanlage, 1 3/4″-Zapfwelle, Doppelkupplung
Kühlung	Luft (Axialgebläse)	Stückzahlen	7824

Neben den Radschleppern hatte Deutz auch einige Raupenschlepper-Typen im Programm. In den fünfziger Jahren war für die Landwirtschaft die Vierzylinder- und die Sechszylindervariante vorgesehen. Gelenkt wird mit Hebeln für die Lenkbremse, zusätzlich wird per Fußpedal die jeweilige Antriebsseite ausgekuppelt. Auch hier kam der luftgekühlte Motor F4L 514 zum Einsatz.

Die hier gezeigte Raupe mit diesem Triebwerk verrichtete jahrelang ihren Dienst auf einem größeren Gut im Großraum Stuttgart. Nach einigen Jahren Zwangspause in einer Scheunenecke gehört sie heute im reizvollen, wenig restaurierten Gebrauchszustand zum Fundus des Deutschen Landwirtschaftsmuseums in Stuttgart-Hohenheim.

Technische Daten Deutz-Raupe D 60 L

Motor	Viertakt-Diesel F4L 514 Wirbelkammer	Gewicht (kg)	ca. 5570
Zylinder	4 Reihe	Getriebe/Gänge (V/R)	5/3 (KHD)
Bohrung × Hub	110 × 140	Länge × Breite (mm)	3585 × 1954
Hubraum (cm^3)	5320	Geschwindigkeit (km/h)	7,5
Leistung (PS)	60	Baujahr/Prod.-Zeitraum	1956
Drehzahl (U/min)	1650	Besonderheiten	Halbrahmenbauweise, Lenkkupplung und Lenkbremse, Doppelkupplung
Kühlung	Luft (Axialgebläse)	Stückzahlen	–

Der Nachfolger des FL 514-Motors war die Baureihe FL 712. Mit ihr konnten je nach Zylinderzahl verschiedene Leistungsklassen angeboten werden: z.B. 14, 20, 35 PS bei einem, zwei oder drei Zylindern. Diese Leistungen wurden in späteren Jahren immer mehr gesteigert. Der hier abgebildete D 50 S ist ein Prototyp von 1960, ein Unikat. Selbst KHD konnte dem jetzigen Besitzer bei der Restaurierung nur unvollständige Daten zur Verfügung stellen. Interessant die Anordnung der Sitze (ab Werk): zwei hintereinander, eine interessante Alternative zu den Sitzbänken auf den Kotflügeln.

In dieser Periode konnte 1962 immerhin der 250000. Deutz-Schlepper die Werkshallen verlassen.

Technische Daten Deutz-Schlepper D 50 S

Motor	Viertakt-Diesel F4L 712 Wirbelkammer	Gewicht (kg)	ca. 2300
Zylinder	4	Getriebe/Gänge (V/R)	7 (2/1 + Direkt und 3 + Direkt)
Bohrung × Hub	95 × 120	Länge × Breite (mm)	3780 × 1660
Hubraum (cm^3)	3400	Geschwindigkeit (km/h)	25
Leistung (PS)	50	Baujahr/Prod.-Zeitraum	1960
Drehzahl (U/min)	2300	Besonderheiten	Prototyp, 2 Sitze hintereinander serienmäßig
Kühlung	Luft (Axialgebläse)	Stückzahlen	alle D-Typen insgesamt: 13825

Der erste Großschlepper von Deutz war der D80. In dieser Leistungsklasse waren Hanomag, Güldner, Schlüter, Fendt und Eicher auch vertreten.
Der serienmäßig eingebaute Motor stammte aus der FL712-Serie. Vom D80 dürften nur wenige Exemplare gebaut worden sein, von der Allradvariante noch weniger.
Der abgebildete D80 besteht aus Teilen des D80 und des D8005. Der Motor ist ein F6L912, also ein Tauschaggregat der 06er-Serie (aus einem Bagger übrigens), das eingepflanzt wurde, als der Originalmotor „sein Leben ausgehaucht" hatte. Mitte der 60er Jahre war ein Sechszylinder-Traktor ein wahrer Bolide, der aber sehr hart arbeiten mußte und dementsprechend bald verschlissen war. (10)

Technische Daten Deutz D 80

Motor	Viertakt-Diesel F6L 912 Wirbelkammer	Gewicht (kg)	2900
Zylinder	6	Getriebe/Gänge (V/R)	8/4 (ZF)
Bohrung × Hub	100 × 120	Länge × Breite (mm)	4090 × 1970
Hubraum (cm^3)	5655	Geschwindigkeit (km/h)	25
Leistung (PS)	75	Baujahr/Prod.-Zeitraum	1964
Drehzahl (U/min)	2100	Besonderheiten	Sechszylinder-Motor
Kühlung	Luft (Axialgebläse)	Stückzahlen	–

Der Verkaufserfolg der Großschlepper von Deutz ermutigte die Firma zur Weiterentwicklung. Formschön mit runder Motorhaube, kräftig mit sechs Zylindern und zugstark mit Allradantrieb war der Deutz D9005. Der bewährte FL812-Motor und ein 8/4-Gang-Getriebe kamen zum Einbau. Mit dem FL812 wurden in den 05er- und 06er-Reihen fast die gesamte Typenpalette bestückt.

Der D9005 Allrad ist eine echte Rarität, damals wie heute. Der Vorteil des Allradantriebes wurde lange nicht erkannt. Auch bei diesen Traktoren ist es angesichts dessen, was sie leisten mußten, verständlich, daß bei ohnehin geringen Stückzahlen heute nur noch sehr wenige erhaltenswerte Exemplare vorhanden sind. (5)

Technische Daten Deutz D 9005 Allrad

Motor	Viertakt-Diesel F6L 812 Wirbelkammer	Gewicht (kg)	3225
Zylinder	6	Getriebe/Gänge (V/R)	8/4 (Eigenbau)
Bohrung × Hub	100 × 120	Länge × Breite (mm)	4180 × 1680
Hubraum (cm^3)	5655	Geschwindigkeit (km/h)	25
Leistung (PS)	92	Baujahr/Prod.-Zeitraum	1967–1968
Drehzahl (U/min)	2300	Besonderheiten	Sechszylinder-Motor, Allradantrieb
Kühlung	Luft (Axialgebläse)	Stückzahlen	–

1968 übernahm die Klöckner-Humboldt Deutz AG mehrheitlich die Landmaschinenfabrik Fahr in Gottmadingen. Fahr hatte 1964 den letzten Traktor gebaut. Auch die Landmaschinenfabrik Ködel & Böhm in Lauingen/Donau wurde übernommen. Nun wurden in Gottmadingen Deutz-Fahr-Mähdrescher, Häcksler und Ladewagen hergestellt.
Die 06er-Reihe mit den eckigen Hauben war eine Weiterentwicklung der 05er-Reihe. Auch sie erfreute sich großer Beliebtheit und bot Traktoren von 30 bis 230 PS an, mit oder ohne Allradantrieb und mit unterschiedlichsten Getriebevarianten, die nun von der Zahnradfabrik Friedrichshafen bezogen wurden. 1975 lag KHD mit 12517 verkauften Maschinen (19,5% Marktanteil) auf dem 2. Platz in der Zulassungsstatistik.

Technische Daten Deutz D 6806 Allrad

Motor	Viertakt-Diesel F4L912 Direkteinspritzer	Gewicht (kg)	2645
Zylinder	4	Getriebe/Gänge (V/R)	9/3 (ZF)
Bohrung × Hub	100 × 120	Länge × Breite (mm)	3660 × 1660
Hubraum (cm³)	3770	Geschwindigkeit (km/h)	25
Leistung (PS)	67/70	Baujahr/Prod.-Zeitraum	ab 1974
Drehzahl (U/min)	2300	Besonderheiten	Allrad
Kühlung	Luft (Axialgebläse)	Stückzahlen	–

In die Oberklasse, was die Motorleistung anbelangt, war KHD zu dieser Zeit mit dem 13006 aufgestiegen. Seine Serienproduktion lief 1972 an. Der Allradantrieb war in dieser Klasse serienmäßig. Schwere Aufgaben in Land- und Forstwirtschaft erwarteten diese Traktoren. Aber diese Kraftpakete boten dem Fahrer auch einen ordentlichen Arbeitsplatz, schließlich sollte das teure Fahrzeug möglichst lange laufen und gut ausgelastet sein. In den Anzeigen der landwirtschaftlichen Fachzeitschriften werden heute noch gelegentlich D 13006-Schlepper als Gebrauchtmaschinen angeboten. Leider bleiben sie selten im Lande, recht häufig gehen sie den Weg aller landwirtschaftlichen Maschinen, die hierzulande nicht mehr gebraucht werden: nach Italien, Ost- und Südosteuropa oder in die Balkanländer. Dort werden sie vermutlich noch jahrelang ihren Dienst verrichten. (5)

Technische Daten Deutz D 13006 A

Motor	Viertakt-Diesel BF6L 912 Direkteinspritzer	Gewicht (kg)	ca. 3770
Zylinder	6	Getriebe/Gänge (V/R)	21/7
Bohrung × Hub	100 × 120	Länge × Breite (mm)	4780 × 2390
Hubraum (cm^3)	5655	Geschwindigkeit (km/h)	25
Leistung (PS)	120	Baujahr/Prod.-Zeitraum	ab 1972
Drehzahl (U/min)	2400	Besonderheiten	ZF-Allrad-Vorderachse
Kühlung	Luft (Axialgebläse)	Stückzahlen	–

Gänzlich in die Klasse der Großtraktoren mit entsprechender Leistung stieg Deutz mit dem Knicklenker D 16006 ein. Die Zeit war reif für neue Konzepte, z.B. den Intrac, den MB-Trac, die Kramer-Traktoren 1014 und 1214. So war auch die Entwicklung des Allrad-Traktors 16006 die konsequente Folge. Gleich große Räder, Allradantrieb, Knicklenkung, leistungsstarker V-8-Motor und der hydrostatische Antrieb waren wichtige Konstruktionsmerkmale. Sicher hat KHD damit seinen Beitrag zur modernen Traktorenentwicklung geleistet. Wie so oft, war der Markt darauf noch nicht eingestellt. Für Betriebe ab 200 ha wäre vor allem das Ausland in Frage gekommen. Ein Erfolg war dem 16006 aber leider nicht vergönnt. (5)

Technische Daten Deutz D 16006

Motor	Viertakt-Diesel F8L 413 Direkteinspritzer	Gewicht (kg)	ca. 9000
Zylinder	8 (V-Anordnung)	Getriebe/Gänge (V/R)	hydrostatischer Antrieb
Bohrung × Hub	120 × 125	Länge × Breite (mm)	5560 × 2420
Hubraum (cm³)	11300	Geschwindigkeit (km/h)	25
Leistung (PS)	160	Baujahr/Prod.-Zeitraum	ab 1972
Drehzahl (U/min)	2300	Besonderheiten	gleich große Räder, hydrostatischer Antrieb, Knicklenkung
Kühlung	Luft (Axialgebläse)	Stückzahlen	–

Die DX-Baureihe wurde 1978 vorgestellt. Die Traktoren wurden von BFL 919-Motoren angetrieben, die Getriebe kamen teilweise aus dem eigenen Getriebebau, teilweise von der ZF. Die MasterCab war nach neuesten ergonomischen Erkenntnissen konstruiert worden und bot dem Landwirt ausreichenden Komfort.
Aus der DX-Reihe wurde die Agrostar-Baureihe abgeleitet, die sich äußerlich nicht stark verändert hatte.
Den hier abgebildeten DX 4.50 Allrad gab es seinerzeit für ca. 50000.– DM – eine stattliche Summe für viele Landwirte.
Er ist heute allerdings mit modernen Kreiseleggen- und Sämaschinenkombinationen auch schon wieder am Ende seiner Leistungsfähigkeit angelangt.
Deutz war eine Zeit lang in der deutschen Zulassungsstatistik führend gewesen, 1985 aber mit 17,3% hinter Fendt zurückgefallen.

Technische Daten Deutz-Fahr DX 4.50 A

Motor	Viertakt-Diesel Turbo BF4L 919	Gewicht (kg)	4110
Zylinder	4	Getriebe/Gänge (V/R)	16/8
Bohrung × Hub	102 × 125	Länge × Breite (mm)	4140 × 2110
Hubraum (cm³)	4085	Geschwindigkeit (km/h)	30 oder 40
Leistung (PS)	82	Baujahr/Prod.-Zeitraum	1985 / ab 1982
Drehzahl (U/min)	2300	Besonderheiten	Zwillingsbereifung zum Eggen
Kühlung	Luft (Axialgebläse)	Stückzahlen	–

Angespornt durch die Konkurrenz sah sich KHD veranlaßt, Überlegungen auch in Richtung Geräteträger oder Trac-Technik anzustellen. Echte Geräteträger kamen nicht in Frage, eher Lösungen mit drei Arbeitsräumen wie beim Unimog, aber mit zentral angeordnetem Führerhaus wie beim MB-Trac.
Ergebnis war der Intrac, der 1972 in Serie ging. Die ersten Modelle basierten technisch auf dem D5006. Der Allradantrieb setzte sich erst später durch.
1986 führte KHD Verhandlungen mit Daimler-Benz, um gemeinsam die Erfahrungen aus MB-Trac- und Intrac-Bau zu nutzen, es gab sogar schon eine „trac technik Vertriebsgesellschaft" in Gaggenau, leider nicht mit durchschlagendem Erfolg.

Technische Daten Deutz-Intrac 2003

Motor	Viertakt-Diesel F4L 912	Gewicht (kg)	2700
Zylinder	4	Getriebe/Gänge (V/R)	8/4
Bohrung × Hub	100 × 120	Länge × Breite (mm)	3187 × 2090
Hubraum (cm^3)	3770	Geschwindigkeit (km/h)	30
Leistung (PS)	70	Baujahr/Prod.-Zeitraum	ab 1974
Drehzahl (U/min)	2300	Besonderheiten	drei Anbauräume, Fronthydraulik, Frontzapfwelle
Kühlung	Luft	Stückzahlen	–

In den 90er Jahren brachte die AgroXtra-Baureihe frischen Wind in das Styling der Traktoren: die Schräghauber boten verbesserte Sicht auf die vorn angebauten Geräte, die sich immer mehr durchsetzten. Heute haben nahezu alle Hersteller, besonders bei den Pflegeschleppern, nachgezogen. Der AgroXtra 3.57 ist mit 68 PS ausreichend motorisiert. Wichtiger sind in seinem Verwendungsbereich die Getriebeauslegung, Zapfwellen und Hydraulik vorne und hinten, so daß die anfallenden Pflegearbeiten zügig und mit möglichst wenig Fahrten bodenschonend durchgeführt werden können.

Heutzutage ist der Allradantrieb auch für diesen Anwendungsbereich obligatorisch.

Technische Daten Deutz-Fahr AgroXtra 3.57

Motor	Viertakt-Diesel F3L 913 Direkteinspritzer	Gewicht (kg)	ca. 3400
Zylinder	3	Getriebe/Gänge (V/R)	16/16 + Kriechgänge
Bohrung × Hub	102 × 125	Länge × Breite (mm)	3648 × 1896
Hubraum (cm^3)	3064	Geschwindigkeit (km/h)	40
Leistung (PS)	68	Baujahr/Prod.-Zeitraum	1995
Drehzahl (U/min)	2400	Besonderheiten	Druckluftanlage, Fronthydraulik, Frontzapfwelle
Kühlung	Luft	Stückzahlen	–

Letztes Kapitel in der Geschichte von Deutz-Fahr ist die Aufgabe des Traktorenbaus in Köln und der komplette Umzug nach Lauingen/Donau. Die Landmaschinensparte Deutz-Fahr wurde 1995 vom italienischen Same-Konzern übernommen. 1996 erfolgte der Umzug nach Lauingen. Seither werden dort Traktoren und Mähdrescher hergestellt.
Neueste Entwicklung ist die Agroplus/Agrotron-Baureihe.

Das Schräghaubenprinzip wurde beibehalten, die Formen weicher und runder gestaltet. Gefederte Vorderachsen und Kabinenfederung halten mittlerweile Einzug in die Traktorentechnik. Die nun wassergekühlten Motoren werden aus Baukastenreihen zusammengestellt. Leistungsunterschiede werden durch Einspritzmenge, Drehzahl sowie Turboaufladung bzw. Ladeluftkühlung realisiert.

Technische Daten Deutz-Fahr Agrotron 120

Motor	Viertakt-Diesel Direkteinspritzer Turbo	Gewicht (kg)	5360
Zylinder	4	Getriebe/Gänge (V/R)	24/24 oder 40/40; vier Lastschaltstufen
Bohrung × Hub	85 × 115	Länge × Breite (mm)	4680 × 2008
Hubraum (cm^3)	7146	Geschwindigkeit (km/h)	40
Leistung (PS)	120 (88 kW)	Baujahr/Prod.-Zeitraum	ab 1995
Drehzahl (U/min)	2300	Besonderheiten	4 Zapfwellendrehzahlen, Klimaanlage, Preis: ab 104000.– DM
Kühlung	Wasser	Stückzahlen	–

Die Agrotron-Traktoren werden Freisicht-Allradschlepper genannt. Die Leistungen liegen bei 106 bis 230 PS in drei Klassen. Selbstverständlich hat auch hier die allerneueste Entwicklung in der Getriebetechnik und Hydraulik-/Unterlenkerreglung Einzug gehalten.
Die ab 1998 in Serie gebauten Typen mit 230 und 260 PS und aufgeladenen Motoren, je nach Leistung auch mit Ladeluftkühlung, haben sogar luftgefederte Kabinen. Sogar an einen Anschluß an einen PC im Traktor wurde gedacht. Motoren, Getriebe, Hydraulik und Bedienungselemente sind auf den bestmöglichen Stand der Technik gebracht worden. Auch dem Problem der Abgasemission muß sich ein Traktorenhersteller heute stellen, die Motorenentwicklung trägt das ihre dazu bei. (3)

Technische Daten Deutz-Fahr Agrotron 160/175/200

Motor	Viertakt-Diesel Direkteinspritzer Turbo	Gewicht (kg)	6700
Zylinder	6	Getriebe/Gänge (V/R)	27/24, neun Lastschaltstufen
Bohrung × Hub	85 × 115	Länge × Breite (mm)	4680 × 2130
Hubraum (cm^3)	7146	Geschwindigkeit (km/h)	40
Leistung (PS)	160/175/200	Baujahr/Prod.-Zeitraum	ab 1995
Drehzahl (U/min)	2350	Besonderheiten	150000 bis 175000.– DM, modernste Ausstattung, z.B. Multifunktions-Armlehne
Kühlung	Wasser	Stückzahlen	–

Das Traditionsunternehmen Eicher stellte 1936 seinen ersten Traktor vor. Nach dem Krieg setzte Eicher ausschließlich auf luftgekühlte Motoren, die zum Markenzeichen wurden. Schon in den 50er Jahren bot man Allradschlepper an und baute den Anteil laufend aus. Der hier abgebildete ED 26 ist ganz fortschrittlich mit gleich großen Rädern konstruiert worden. Diese Maschine wurde mit einer Seilwinde der Firma Werner ausgeliefert und nicht wenig strapaziert, ein Wunder, daß sie den Sammlern erhalten blieb.
Die Seilwinde kann für Forst- und Pflugarbeiten herangezogen werden: sie hat zwei Gänge, im schnellen Gang bewegt sich das Seil mit fast 6 km/h.

Technische Daten Eicher ED 26 Allrad

Motor	Viertakt-Diesel Ed 2 e Direkteinspritzer	Gewicht (kg)	2440
Zylinder	2	Getriebe/Gänge (V/R)	5/1 (Renk)
Bohrung × Hub	105 × 150	Länge × Breite (mm)	3010 × 1635 (ohne Winde)
Hubraum (cm^3)	–	Geschwindigkeit (km/h)	19
Leistung (PS)	2570	Baujahr/Prod.-Zeitraum	1959
Drehzahl (U/min)	1500	Besonderheiten	Werner-Forst-/Pflugseilwinde mit zwei Gängen, Vorderachsballast, Blockbauweise, Renk-Achsen, Fulmina-Lenkung
Kühlung	Luft (Radialgebläse)	Stückzahlen	–

Der Eicher EA 600 Mammut mit Allradantrieb stammt aus der „Raubtierreihe“, die Anfang der 60er Jahre vorgestellt wurde.
Zu ihr gehörten die Typen Leopard, Panther, Tiger, Königstiger, Mammut, mit einem, zwei, drei oder vier Zylindern und 19 bis 45, später 60 PS. Einige Mammuts konnten sogar mit einem stufenlosen, hydrostatischen Antrieb geliefert werden, der sich allerdings noch nicht durchsetzen konnte.
Die normalen Getriebe mit Gruppenschaltung kamen von der Zahnradfabrik Friedrichshafen. Um den Durchstieg zu erleichtern, wurden die Schalthebel an die rechte Seite verlegt. Der Allradantrieb war unter Last schaltbar. (11)

Technische Daten Eicher EA 600 S

Motor	Viertakt-Diesel EDK 4 Direkteinspritzer	Gewicht (kg)	2500
Zylinder	4	Getriebe/Gänge (V/R)	8/4 ZFA 216/II
Bohrung × Hub	100 × 125	Länge × Breite (mm)	3520 × 1892
Hubraum (cm^3)	3297	Geschwindigkeit (km/h)	25
Leistung (PS)	55	Baujahr/Prod.-Zeitraum	1966 / 1963–1969
Drehzahl (U/min)	2000	Besonderheiten	Doppelkupplung, Motor- und Wegezapfwelle, Dreipunktaufhängung
Kühlung	Luft (Radialgebläse)	Stückzahlen	–

1970 gingen auch bei Eicher die Absatzzahlen zurück. Massey-Ferguson stieg als Partner bei Eicher ein. Damit kamen immer häufiger wassergekühlte Perkins-Motoren zum Einsatz. Aber das Image der Eicher-Schlepper war nicht mehr dasselbe wie früher.
Die Sechszylinder-Spitzenmodelle bei Eicher wurden nach dem Gott WOTAN benannt. Ein neues Äußeres, moderne, ergonomisch günstiger gestaltete Fahrerplätze, neue Getriebe, hohe Hubkräfte an der Hydraulik und leistungsstarke Eicher-Motoren, damit war Eicher für die Oberklasse gut gerüstet.
Nach schweren Arbeitsjahren auf einem Gutshof mußte dieser Wotan bei seinem zweiten Besitzer auf einem Vollerwerbsbetrieb nochmals ordentlich zur Sache, ehe er mit über 13000 Betriebsstunden nun als Hobby-Fahrzeug ruhigeren Zeiten entgegenfahren kann.

Technische Daten Eicher WOTAN 3014 S

Motor	Viertakt-Diesel EDK 60017 Direkteinspritzer	Gewicht (kg)	ca. 4000
Zylinder	6	Getriebe/Gänge (V/R)	12/5 (ZF T-3/35–2)
Bohrung × Hub	100 × 125	Länge × Breite (mm)	4080 × 2090
Hubraum (cm^3)	5830	Geschwindigkeit (km/h)	30
Leistung (PS)	95	Baujahr/Prod.-Zeitraum	1971
Drehzahl (U/min)	2000	Besonderheiten	540er- und 1000er-Zapfwelle, Kugelfischer-Einspritzpumpe, ZF-Vorderachse
Kühlung	Luft (Radialgebläse)	Stückzahlen	–

Die Eicher-Modelle der 70er Jahre standen schon im Zeichen starker Modernisierung: Die Zweifachkupplung „Duplokup" wurde eingeführt. Sie diente der leichteren Bedienung der Fahr- und Zapfwellenkupplung. Außerdem gab es jetzt die Seitenschaltung für freien Durchstieg u.a.m. Das Aussehen änderte sich durch die kantige Haube.
Hier ein Königstiger II 3016, der auch heute noch täglich im Einsatz steht.

Noch fanden Eicher-Motoren und ZF-Getriebe Verwendung, der Einfluß von Massey-Ferguson wurde in den kommenden Jahren immer stärker. Nach über 120000 verkauften Eicher-Schleppern spielt heute Eicher nur eine kleine Rolle; in den neuen Bundesländern werden von der MFT Motoren- und Fahrzeugtechnik GmbH noch Schmalspurtraktoren gebaut.

Technische Daten Eicher Königstiger II 3016

Motor	Viertakt-Diesel EDK 4 Direkteinspritzer	Gewicht (kg)	2235
Zylinder	4	Getriebe/Gänge (V/R)	8/4 ZF A 212
Bohrung × Hub	100 × 125	Länge × Breite (mm)	3450 × 1830
Hubraum (cm^3)	3927	Geschwindigkeit (km/h)	28
Leistung (PS)	52/55	Baujahr/Prod.-Zeitraum	1968–1973
Drehzahl (U/min)	2000	Besonderheiten	540er- und 1000er-Zapfwelle, Hydrolenkung
Kühlung	Luft (Radialgebläse)	Stückzahlen	–

Eicher – der Name ist auch mit Schmalspurtraktoren verbunden. Das Unternehmen stellte Ende der 50er Jahre die ersten Typen vor und hat seither immer einen großen Marktanteil gehalten. Die Krise bei der Firma Eicher hat den Schmalspurschleppern anscheinend weniger geschadet – sie werden heute noch erfolgreich und in unverwechselbarem Eicher-Styling mit den bewährten, luftgekühlten Motoren bei der MFT in Cunewalde gebaut.
Ein Verteter der alten Eicher-Schmalspurschlepper-Baureihe Puma ist dieser zwillingsbreifte ES 400. Sein Besitzer zieht ihn auch für andere Arbeiten heran als nur die Pflege von Wein-, Obst- und Sonderkulturen.

Technische Daten Eicher ES 400 Puma

Motor	Viertakt-Diesel ED 3	Gewicht (kg)	1200
Zylinder	3	Getriebe/Gänge (V/R)	8/4 ZF A 210
Bohrung × Hub	100 × 125	Länge × Breite (mm)	2920 × 1080
Hubraum (cm³)	2945	Geschwindigkeit (km/h)	28
Leistung (PS)	42	Baujahr/Prod.-Zeitraum	1969
Drehzahl (U/min)	2000	Besonderheiten	540er- und 1000er-Zapfwelle, Hydrolenkung
Kühlung	Luft (Radialgebläse)	Stückzahlen	–

Ein Universalschlepper der Eicher-Produktion in der alten Tradition der luftgekühlten Eicher-Schlepper ist der 780 AS mit Turbomotor.
Turbulente Jahre waren über Eicher hinweggegangen. 1982 wurde die Zusammenarbeit mit Massey-Ferguson wieder beendet, die indische Tochter EICHER Goodearth übernahm die Geschäftsführung in Europa, 1984/85 wurde von Eicher-Händlern eine Auffanggesellschaft gegründet, die den traditionellen Schlepperbau in Landau an der Isar wieder aufnahm. Hürlimann mit wassergekühlten Motoren stand dann eine Weile Pate bei Eicher-Schleppern. Das Ganze endete schließlich in der MFT Cunewalde, Motoren- und Fahrzeugtechnik GmbH, in den neuen Bundesländern, wo eine Zeitlang Eicher-Traktoren hergestellt wurden, bis das Programm auf Schmalspurschlepper zusammengestrichen wurde. Diese sind weiterhin mit luftgekühlten Eicher-Motoren ausgerüstet. (1)

Technische Daten Eicher 780 AS Turbo

Motor	Viertakt-Diesel Turbo Direkteinspritzer	Gewicht (kg)	2825
Zylinder	4	Getriebe/Gänge (V/R)	12/12 Lastschaltbares Wendegetriebe
Bohrung × Hub	100 × 125	Länge × Breite (mm)	3555 × 1341
Hubraum (cm^3)	3927	Geschwindigkeit (km/h)	40
Leistung (PS)	80 (59 kW)	Baujahr/Prod.-Zeitraum	ab 1991
Drehzahl (U/min)	2100	Besonderheiten	540er- und 750er-Zapfwelle, Hydrolenkung, ZF-Allrad-Vorderachse, Allradbremse
Kühlung	Luft (Radialgebläse)	Stückzahlen	–

In Gottmadingen, am Bodensee gelegen, gründete Johann Georg Fahr 1870 eine Landmaschinenfabrik. Zunächst waren Erntegeräte, vor allem Mähmaschinen und Mähbinder der Produktionsschwerpunkt, erst ab 1938 wurden Traktoren gebaut. Fahr baute keine eigenen Motoren, immer wurden Aggregate von Deutz, Güldner, MWM, vereinzelt auch von Daimler-Benz bezogen.

Mit Güldner wurden ab 1956 gemeinsam Schlepper gebaut. Diese Zusammenarbeit wurde 1962 wieder beendet. 1964 war nach ca. 100000 Traktoren endgültig Schluß, und die Firma Deutz übernahm die Produktionsstätten.
Kurz nach dem Krieg stellte Fahr den D28 vor: beachtenswert ist die schön geformte Motorhaube des Fahr D28.

Technische Daten Fahr D 28 U

Motor	Viertakt-Diesel Güldner 2 F Wälzkammer	Gewicht (kg)	2150
Zylinder	2	Getriebe/Gänge (V/R)	5/1 (Eigenbau HG 25)
Bohrung × Hub	105 × 150	Länge × Breite (mm)	3220 × 1565
Hubraum (cm^3)	2598	Geschwindigkeit (km/h)	19
Leistung (PS)	28/30	Baujahr/Prod.-Zeitraum	ab 1948–1951
Drehzahl (U/min)	1500	Besonderheiten	erster Nachkriegstyp
Kühlung	Wasser	Stückzahlen	–

In die schwere Klasse mit drei und vier Zylindern war Fahr mit den Typen D45 und D60 eingestiegen. Sie wurden von den luftgekühlten Deutzmotoren F3/F4L514 angetrieben. Nachfolgemodell des D45 war der D400. Der schwere Schlepper war eigentlich für den Export, hauptsächlich nach Argentinien, gedacht. Sogar eine Dreiradausführung war erhältlich.

Dieses Exemplar ist im unrestaurierten Gebrauchszustand erhalten. Nach dem Verkauf (der Erstbesitzer war Landwirt) hat eine Baufirma hat den D400 für Erdbewegungen erstanden und umgebaut (ursprünglich auch mit Hecklader). Der heutige Besitzer bedient sich immer noch des Frontladers für Transportarbeiten. Angesichts dieses Lebenslaufs ist die Maschine erstaunlich gut erhalten.

Technische Daten Fahr D 400

Motor	Viertakt-Diesel Deutz F3L 514 Wirbelkammer	Gewicht (kg)	über 3000 (mit Frontlader)
Zylinder	3	Getriebe/Gänge (V/R)	5 + 2 Kriechgänge (ZP A 23)
Bohrung × Hub	110 × 140	Länge × Breite (mm)	3650 × 1865
Hubraum (cm^3)	3900	Geschwindigkeit (km/h)	20 oder 29
Leistung (PS)	45	Baujahr/Prod.-Zeitraum	1956 / 1955–1961
Drehzahl (U/min)	1600	Besonderheiten	Druckluftanlage auf Wunsch, ZF-Lenkung
Kühlung	Luft	Stückzahlen	2070

Die FAMO Fahrzeug- und Motorenwerke GmbH wurde 1935 aus den Linke-Hofmann-Werken in Breslau ausgegliedert. Mit den Linke-Hofmann-Raupen hatte man schon viele positive Erfahrungen sammeln können. Die Basis, auf der FAMO aufbauen konnte, war durchaus vorhanden. Interessant war die Lizenz des Cletrac-Doppeldifferentials zur Steuerung der Raupen: Das Lenkrad konnte beibehalten werden, um durch Abbremsen der jeweiligen Antriebsseite Kurven zu fahren.
Die in Zusammenarbeit mit Kämper hergestellten FAMO-Motoren konnten entweder herkömmlich mit Glühkerzen oder mit Benzin-Anlaßvorrichtung gestartet werden.

Im Krieg wurden die Werksanlagen zum großen Teil zerstört, zumal Kettenfahrzeuge für die Wehrmacht produziert worden waren. Nach dem Kriege entwickelte sich daraus die Landmaschinenindustrie der DDR (VEB Traktorenwerke Schönebeck). Die Fortführung im Westen durch eine Vertriebsgesellschaft in Krefeld und eine Zusammenarbeit mit der Münchener Waggonbaufirma Rathgeber begann vielversprechend mit der alten Typenpalette. Letztlich konnte aber nicht verhindert werden, daß 1958 die Aktivitäten der FAMO-Vetriebsgesellschaft mbH erloschen. (6)

Technische Daten FAMO-Rathgeber-Kettenschlepper Boxer

Motor	Viertakt-Diesel Kämper (Wälzkammer)	Gewicht (kg)	3500
Zylinder	4	Getriebe/Gänge (V/R)	4/1 (Eigenbau)
Bohrung × Hub	100 × 142	Länge × Breite (mm)	3080 × 1550
Hubraum (cm^3)	4461	Geschwindigkeit (km/h)	12
Leistung (PS)	52	Baujahr/Prod.-Zeitraum	1954 / 1947–1957
Drehzahl (U/min)	1420	Besonderheiten	Cletrac- Doppeldifferential-Lenkgetriebe
Kühlung	Wasser	Stückzahlen (FAMO-Rathgeber)	zwischen 300 und 400

Die Xaver Fendt & Co. Traktoren- und Werkzeugmaschinenfabrik wurde 1928 in Marktoberdorf im Allgäu gegründet. Hermann Fendt experimentierte schon bald mit motorisierten Grasmähmaschinen.
Zunächst zog er noch Vergasermotoren heran, erkannte aber bald die Vorteile von Dieselmotoren und baute Deutz-Diesel ein. Anfang der 30er Jahre wurden dann schon einfache Traktoren im Serienbau hergestellt und unter dem erfolgreichen Markennamen „Dieselroß" angeboten. Unter dieser Bezeichnung wurden bis 1955 über 50000 Stück in verschiedenen Leistungsklassen gebaut. Das stärkste Dieselroß war der Typ F40, der mit dem MWM-Dreizylinder-Motor ausgerüstet wurde. Es gab sogar eine Allradvariante davon.
Bis zur Integration in die international agierende Landmaschinengruppe AGCO 1998 war die Familie Fendt übrigens in der Firma präsent. (6)

Technische Daten Fendt F 40 Dieselroß

Motor	Viertakt-Diesel MWM KDW 415 D Wirbelkammer	Gewicht (kg)	2600
Zylinder	3	Getriebe/Gänge (V/R)	5/1 + Kriechgang (ZF A 17)
Bohrung × Hub	95 × 120	Länge × Breite (mm)	3700 × 1900
Hubraum (cm^3)	2550	Geschwindigkeit (km/h)	20
Leistung (PS)	40	Baujahr/Prod.-Zeitraum	1957–1959/60
Drehzahl (U/min)	2000	Besonderheiten	ZF-Lenkung, gefederte Vorderachse, Druckluftanlage
Kühlung	Wasser	Stückzahlen	–

Letzter Vertreter der Fendt-Schlepper mit den runden Hauben war der Farmer 2. Diese Baureihe wurde 1958/59 herausgebracht. Übrigens war der 10000. verkaufte Fendt im Jahr 1962 ebenfalls ein Farmer 2.
1965 konnte schon der 150000. Fendt die Marktoberdorfer Fabrikanlagen verlassen. In diesem Jahr wurden 10394 Fendt-Schlepper gebaut. Die Motoren kamen, wie bei Fendt üblich, zu dieser Zeit ausschließlich von den Motorenwerken Mannheim (MWM), die Getriebe wurden im eigenen Getriebebau hergestellt.
Der Trend im Motorenbau geht heute in Richtung Wasserkühlung (wegen der Geräusch- und auch der Abgasemissionen), bei den Geräteträgern konnte sich die Luftkühlung länger behaupten.

Technische Daten Fendt Farmer 2

Motor	Viertakt-Diesel MWM KD 10,5 D Vorkammer	Gewicht (kg)	2400
Zylinder	3	Getriebe/Gänge (V/R)	8/4 + Schnellgänge
Bohrung × Hub	90 × 105	Länge × Breite (mm)	3260 × 1560–1770
Hubraum (cm^3)	2230	Geschwindigkeit (km/h)	25/30
Leistung (PS)	34	Baujahr/Prod.-Zeitraum	1960
Drehzahl (U/min)	2600	Besonderheiten	Schwingvorderachse, auf Wunsch „Startostop“ zum Anfahren und Stoppen per Hand
Kühlung	Wasser	Stückzahlen	–

Ab 1968 folgte bei Fendt die Ära der eckigen Hauben. Höhere Motorleistungen, modernere Getriebe- und Antriebstechnik, verstärkter Trend zum Allradantrieb, höherer Bedienungskomfort, und vor allem die Turbomatik waren wichtige Entwicklungsschritte zu dieser Zeit.
Die MWM-Motoren wurden für lange Zeit zur Standardausrüstung.

Der Fendt Farmer 2S ist allerdings noch ohne die Turbomatik ausgeliefert worden, die gab es serienmäßig erst im 3S. Mit seinen 42PS war der 2S ein für einen Vollerwerbsbetrieb völlig ausreichend motorisierter Traktor.
Ein schönes Stimmungsbild mit Farmer und Strohpresse aus dem Fundus des Fendt-Archivs. (2)

Technische Daten Fendt Farmer 2 S

Motor	Viertakt-Diesel MWM Vorkammer	Gewicht (kg)	2225
Zylinder	3	Getriebe/Gänge (V/R)	8/4 + Schnellgänge
Bohrung × Hub	90 × 105	Länge × Breite (mm)	3260 × 1560–1770
Hubraum (cm³)	2230	Geschwindigkeit (km/h)	25/30
Leistung (PS)	42	Baujahr/Prod.-Zeitraum	1960
Drehzahl (U/min)	2500	Besonderheiten	Dreipunkthydraulik, zwei Zapfwellengeschwindigkeiten
Kühlung	Wasser	Stückzahlen	–

Fendt hatte schon recht früh mit der Turbomatik in Sachen Kupplungskomfort Meilensteine gesetzt. Eine Strömungskupplung erleichtert das Anfahren und Anhalten und erhöht den Fahrkomfort allgemein. Außerdem kann viel materialschonender gefahren werden.
Dieser Farmer 104 S ist heute noch im Einsatz. Ein Frontlader mit zusätzlichem Arbeitskolben wurde später angebaut.

Mit der Zwillingsbereifung wirkt der Schlepper noch massiger. Er hat die Turbomatikkupplung, die der Fahrer sehr schätzt. Als Besonderheit kann über die Zapfwellenkupplung eine Wendeschaltung betätigt werden: beim Betätigen wird die jeweilige Fahrtrichtung geändert. Sie war vor allem für das Wenden beim Pflügen gedacht, hat sich aber in dieser Konstruktion scheinbar nicht so sehr bewährt.

Technische Daten Fendt Farmer 104 S

Motor	Viertakt-Diesel MWM Vorkammer	Gewicht (kg)	2480
Zylinder	3	Getriebe/Gänge (V/R)	13/4 (Eigenbau)
Bohrung × Hub	105 × 120	Länge × Breite (mm)	3470 × 1780
Hubraum (cm^3)	3116	Geschwindigkeit (km/h)	25
Leistung (PS)	54	Baujahr/Prod.-Zeitraum	1974/1972–1975
Drehzahl (U/min)	2300	Besonderheiten	Turbomatik, Allradantrieb, ZF-Allrad-Vorderachse
Kühlung	Wasser	Stückzahlen	–

Fendt ist heute als einziger großer Anbieter von Geräteträgern übriggeblieben. Eicher, Deutz und Lanz versuchten sich ebenfalls in dieser Marktnische, stiegen aber bald wieder aus. Kleinanbieter, wie z.B. Ritscher, blieben auch erfolglos. Andere, wie z.B. Schneider-Geräteträger, konnten sich behaupten.
Zu Beginn der Entwicklung bei Fendt Anfang der 50er Jahre blieben die Leistungen noch bei bescheidenen 12 PS. Das „Fendt-Einmannsystem" wurde aber konsequent ausgebaut, die Leistungen erhöht und die Getriebe weiter entwickelt.
Dieser GT 231 mit 35 PS hat schon sehr viel geleistet. Nach einer Motorüberholung steht sogar etwas mehr Leistung zur Verfügung. Heute genießt er ruhigere Tage.

Technische Daten Fendt GT 231

Motor	Viertakt-Diesel MWM Vorkammer	Gewicht (kg)	1950
Zylinder	3	Getriebe/Gänge (V/R)	8/4 + schnelle Gruppe (Eigenbau)
Bohrung × Hub	95 × 105	Länge × Breite (mm)	4020 × 2081
Hubraum (cm³)	2232	Geschwindigkeit (km/h)	30
Leistung (PS)	35	Baujahr/Prod.-Zeitraum	1973
Drehzahl (U/min)	2050	Besonderheiten	Zusätzliche Gruppe für Langsam-/ Schnellgänge
Kühlung	Luft	Stückzahlen	–

Die Farmer-Baureihe hat sich als so erfolgreich erwiesen, daß der Name über Jahre hinweg beibehalten wurde. Ab 1982 wurde der Fendt Farmer 311 LSA angeboten, dessen MWM-Saugmotor 101 PS leistete. Der Turbomotor mit 125 PS fand im 611 LSA Verwendung. Drei Zapfwellengeschwindigkeiten können gewählt werden. Zusammen mit Heckbedienung und hoher Hubkraft an der Hydraulik ein zu seiner Zeit sehr moderner Traktor für größere Betriebe. Für heutige Verhältnisse fehlt ihm eigentlich nur etwas mehr Komfort und eine verbesserte Getriebeabstufung mit Wendeschaltung sowie eine Fronthydraulik.

Der Motor läuft bei MWM aus, so daß künftig andere Aggregate verwendet werden müssen. Durch den Einstieg von Deutz bei MWM wird sich die Modellpalette ohnehin ändern.

Technische Daten Fendt Farmer 311 LSA

Motor	Viertakt-Diesel-Saugmotor MWM	Gewicht (kg)	4690
Zylinder	6	Getriebe/Gänge (V/R)	21/6
Bohrung × Hub	105 × 120	Länge × Breite (mm)	4370 × 2120
Hubraum (cm^3)	6240	Geschwindigkeit (km/h)	40
Leistung (PS)	101 (74 kW)	Baujahr/Prod.-Zeitraum	1987
Drehzahl (U/min)	2300	Besonderheiten	Turbomatik, Overdrive, Druckluftanlage, Motorbremse
Kühlung	Wasser	Stückzahlen	–

Der Trend zu Großtraktoren ist ungebrochen. Die Zahl der landwirtschaftlichen Betriebe sinkt laufend, die einzelnen Betriebsgrößen steigen an. Auch die Privatisierung der Landwirtschaft in den neuen Bundesländern hat ein übriges getan. Alle Traktorenhersteller verzeichnen daher im Absatz von großen Maschinen eine positive Tendenz.
Der Fendt Favorit Vario 926 ist ein Vertreter dieser Klasse. Vor dem achtscharigen Anhängepflug macht er eine gute Figur. Die Motoren mit besonders hoher Leistung werden in letzter Zeit von MAN bezogen. Das neue Vario-Getriebe kann von 20 bis 50 km/h stufenlos gefahren werden.
Mittlerweile ist Fendt übrigens in die weltweit operierende AGCO-Gruppe integriert worden. (2)

Technische Daten Fendt Favorit 926 Vario

Motor	Viertakt-Diesel MAN Direkteinspritzer Turbo	Gewicht (kg)	8250
Zylinder	6	Getriebe/Gänge (V/R)	Fendt ML 200 stufenloses Vario-Getriebe (Eigenbau)
Bohrung × Hub	108 × 125	Länge × Breite (mm)	4940 × 2590
Hubraum (cm^3)	6870	Geschwindigkeit (km/h)	50
Leistung (PS)	260	Baujahr/Prod.-Zeitraum	1998
Drehzahl (U/min)	2250	Besonderheiten	Preis um 220000.– DM Klimaanlage, Federung, elektrohydraulische Regelkraftheber (EHR), Kreuzschalthebel
Kühlung	Wasser	Stückzahlen	–

An moderne Geräteträger werden hohe Anforderungen gestellt. Konkurrenz erwächst ihnen neuerdings von den Schräghaubentraktoren, die auch hervorragende Sichtverhältnisse garantieren und ebenfalls den Frontanbau von Geräten ermöglichen. Die drei Anbauräume sind weiterhin der Trumpf der Geräteträger. Um sie universell einsetzen zu können, werden sie mit allen übrigen modernen Konstruktionsmerkmalen des Traktorenbaus ausgestattet: Turbomotoren mit hoher Leistung und gleichzeitig hohe Laufruhe, Wendegetriebe, Allradantrieb sowie moderne Kippkabinen mit niedrigem Geräuschpegel. Selbstverständlich sind sie auch voll frontladertauglich und laufen 40 km/h schnell. (2)

Technische Daten Fendt F 380 GTA

Motor	Viertakt-Diesel Turbo Direkteinspritzer (Deutz-MWM)	Gewicht (kg)	4480
Zylinder	4	Getriebe/Gänge (V/R)	21/6 vollsynchronisiert mit Overdrive
Bohrung × Hub	102 × 125	Länge × Breite (mm)	4290 × 2148
Hubraum (cm^3)	4086	Geschwindigkeit (km/h)	40
Leistung (PS)	95 (70 kW)	Baujahr/Prod.-Zeitraum	ab 199
Drehzahl (U/min)	2400	Besonderheiten	Wendegetriebe, Motor-Teilkapselung
Kühlung	Luft	Stückzahlen	–

Fendt mußte sich natürlich auch mit der Trac-Technik auseinandersetzen. Zwar deckte das Allgäuer Unternehmen den Geräteträgerbereich fast in einer Monopolstellung ab, aber 1990 wurde mit dem Fendt XYLON auch ein „echter" Trac-Schlepper vorgestellt: drei, eigentlich sogar vier Anbauräume, EHR-Unterflurmotor (mit 120 PS), Mittelkabine, gleich große Räder, Allradantrieb, automatische Frontdifferentialsperre und vielseitige Einsatzmöglichkeiten (z.B. sechs Tonnen Zuladung!).

Nicht nur Landwirte, sondern auch Kommunen sollten den XYLON kaufen, so die Strategie von Fendt. Dafür wurde das Zweimann-Fahrerhaus entwickelt, daher ist auch die orangefarbene Lackierung häufig anzutreffen.
1994 konnte Fendt mit einer vielseitigen und optimal abgestimmten Modellpalette auf den ersten Rang in der Zulassungssatistik klettern und liegt seither bei ca. 18–20% Anteil an Neuzulassungen in der BRD. (2)

Technische Daten Fendt Xylon 522

Motor	Viertakt-Diesel MAN Direkteinspritzer Turbo, Ladeluftkühlung	Gewicht (kg)	6530
Zylinder	4	Getriebe/Gänge (V/R)	44/44 Turboshift-Getriebe (Eigenbau)
Bohrung × Hub	108 × 125	Länge × Breite (mm)	5410 × 2380
Hubraum (cm^3)	4580	Geschwindigkeit (km/h)	50
Leistung (PS)	125	Baujahr/Prod.-Zeitraum	1998
Drehzahl (U/min)	2300	Besonderheiten	Preis um 145 000.– DM, Wendegetriebe, Bord-PC, Zwei-Mann-Fahrerhaus, vier Zapfwellengeschwindigkeiten
Kühlung	Wasser	Stückzahlen	–

Dr. Hugo Güldner ist als einer der Pioniere im Motorenbau anzusehen. Zu Beginn des 20. Jahrhunderts nahm die in München gegründete Firma in Aschaffenburg den Motorenbau auf, der zunächst Stationäraggregate bis zu 700 PS Leistung für alle möglichen Einsatzzwecke umfaßte!
Im Jahr 1938 wurde der erste Ackerschlepper vorgestellt: der A20 mit dem Güldner-Motor 1F und einem Prometheus-Viergang-Getriebe. Die in den späteren Jahren weiterhin selbst entwickelten Dieselmotoren konnten in luft- oder wassergekühlter Ausführung bezogen werden. Die Getriebe kamen später ausschließlich von der Zahnradfabrik Passau. Den zunächst grün lackierten Schleppern der A-Reihe folgten rote der G-Reihe. Dieser Güldner G 45 wird noch auf kleinen, regionalen „Trecker-Trecks" geplagt.

Technische Daten Güldner G 45

Motor	Viertakt-Diesel 4 L 79 Wälzkammer	Gewicht (kg)	2405
Zylinder	4	Getriebe/Gänge (V/R)	8/4 (ZP)
Bohrung × Hub	100 × 100	Länge × Breite (mm)	3564 × 1720
Hubraum (cm^3)	3140	Geschwindigkeit (km/h)	20/28
Leistung (PS)	45	Baujahr/Prod.-Zeitraum	1965–1969
Drehzahl (U/min)	2000	Besonderheiten	Allrad-Vorderachse: ZF Typ GD 38
Kühlung	Luft	Stückzahlen	1054

Güldner hatte auch ein abgerundetes Allradschlepper-Programm mit 40, 45, 35, 50, 60, 75 PS entwickelt. Die schweren Typen waren ideale Zugmaschinen für schwierige Bedingungen und gaben auch noch an der Zapfwelle genügend Leistung ab, z.B. für gezogene Mähdrescher oder Vollernter.
Leider mußte Güldner 1969 den Traktorenbau aufgeben, nachdem schon 1956 eine Zusammenarbeit mit Fahr aufgenommen und wieder aufgelöst worden war, weil bei Fahr die Firma Deutz eingestiegen war. Der Markt zeigte Sättigungstendenzen, der Bedarf an Traktoren stagnierte also, und die Zahnradfabrik Passau lieferte keine Traktorengetriebe mehr für Maschinen unter 80 PS. Heute ist von der damals gemeinsam mit Carl von Linde gegründeten Firmengruppe nur noch der Name Linde übrig. Es werden erfolgreich Gabelstapler und andere Transporteinrichtungen hergestellt. (13)

Technische Daten Güldner G 75 A

Motor	Viertakt-Diesel 6 L 79 Wälzkammer	Gewicht (kg)	3380
Zylinder	6	Getriebe/Gänge (V/R)	8/4 (+ Kriechgang) ZP T 318 II
Bohrung × Hub	100 × 100	Länge × Breite (mm)	4050 × 1945
Hubraum (cm^3)	4712	Geschwindigkeit (km/h)	24
Leistung (PS)	65/70	Baujahr/Prod.-Zeitraum	1967–1969
Drehzahl (U/min)	2000/2200	Besonderheiten	Lenkradschaltung, Allrad-Vorderachse ZF AL 1550
Kühlung	Luft	Stückzahlen	201

Hanomag, die Hannoversche Maschinenbau AG, so genannt seit 1912, muß man zu den Pionieren des deutschen Schlepperbaus zählen. Mit großer Maschinenbau-Erfahrung durch den Lokomotivbau wurden Motorpflüge entwickelt und gebaut. Nach den Motorpflügen arbeitete das Hannoversche Unternehmen ab 1924 an einem Traktor, um der englischen Firma Fordson etwas konkurrenzfähiges vorsetzen zu können. Das Ergebnis der Ingenieure **W**endeler und **D**ohrn war der WD-Traktor, der in rahmenloser Blockbauweise mit Benzin(Petroleum)-Vergasermotor bis 1929 gebaut wurde. Der Hanomag WD konnte eisenbereift, mit Moorrädern oder vollgummibereift bestellt werden.
Der hier gezeigte WD in Straßenausführung von 1927 präsentiert sich hervorragend restauriert. Er wird mit Benzin angelassen und läuft dann mit Petroleum weiter.

Technische Daten Hanomag WD R 28/32

Motor	Viertakt-Benzin (Petroleum) mit Doppel-Vergaser	Gewicht (kg)	ca. 2000 bis 3500 je nach Ausrüstung
Zylinder	4 Reihe	Getriebe/Gänge (V/R)	3/1 (Eigenbau)
Bohrung × Hub	95 × 150	Länge × Breite (mm)	3130 × 1600
Hubraum (cm^3)	4252	Geschwindigkeit (km/h)	3,7/7,5/15
Leistung (PS)	26	Baujahr/Prod.-Zeitraum	1927 / 1924–29
Drehzahl (U/min)	1100	Besonderheiten	Straßengetriebe, gefederte Vorderachse, zwei Tanks (Benzin/Petroleum), Bosch-Magnetzündung, Preis ca. 5000.- RM
Kühlung	Wasser	Stückzahlen	–

Hanomag wandte sich auch bald kleineren Traktoren zu und rundete das Programm mit dem RL 20 nach unten ab. Der aus dem Automobilbau stammende Vierzylinder-Diesel D 19 schien gut geeignet, die relativ leichten RL- bzw. SS-20-Typen anzutreiben. Er war schon vor dem Krieg für den Pkw-Bau bei Hanomag entwickelt und für die Verwendung im Traktor gedrosselt worden. Im Pkw „Rekord" fuhr er sogar Geschwindigkeitsrekorde ein. Neben dem Ackerschlepper RL 20 gab es auch eine ansprechend gestaltete Straßenzugmaschine SS 20 (der Tradition der Hanomag-Straßenzugmaschinen folgend) mit einer anderen Getriebeabstufung für höhere Geschwindigkeiten.

Technische Daten Hanomag RL 20

Motor	Viertakt-Diesel D 19 Vorkammer	Gewicht (kg)	ca. 1615
Zylinder	4 Reihe	Getriebe/Gänge (V/R)	4/1 (Eigenbau)
Bohrung × Hub	80 × 95	Länge × Breite (mm)	3010 × 1680
Hubraum (cm³)	1910	Geschwindigkeit (km/h)	4,2/6/13/24
Leistung (PS)	20	Baujahr/Prod.-Zeitraum	1937–1949
Drehzahl (U/min)	2000	Besonderheiten	Fast gleich große Räder, gefederte Vorderachse, Preis: 3950.- RM, nach dem Krieg 10367.– DM
Kühlung	Wasser	Stückzahlen	–

Mit der Entwicklung der Hanomag-Einspritzpumpe schuf der Ingenieur Schargorodsky das Herzstück der Hanomag-Dieselmotoren. Schon 1931 wurde der D-52-Motor in Hanomag-Traktoren eingebaut, zunächst in die RD-Typen mit 42 PS. Ab 1933 hatte man die Leistung auf 50 PS angehoben. Der D-52-Motor war jahrelang der Standard-Dieselmotor in der oberen Leistungsklasse.

Ein ganz besonderes Stück ist dieser Hanomag-Straßenschlepper SR 45, der bevorzugt von Speditionen im Güternahverkehr eingesetzt wurde. Er kann, was den Sammlerwert anbetrifft, mit jedem Lanz-Eilbulldog mithalten. Während seines Baujahres (1937) verließ übrigens der 20000. Schlepper die Hanomag-Werkshallen. (11)

Technische Daten Hanomag SR 45

Motor	Viertakt-Diesel D 52 Vorkammer	Gewicht (kg)	ca. 3900
Zylinder	4 Reihe	Getriebe/Gänge (V/R)	3/1 (Eigenbau)
Bohrung × Hub	105 × 150	Länge × Breite (mm)	3420 × 2122
Hubraum (cm^3)	5190	Geschwindigkeit (km/h)	18 bzw. 20
Leistung (PS)	50	Baujahr/Prod.-Zeitraum	1937/1936–1943
Drehzahl (U/min)	1300	Besonderheiten	auf Wunsch Luftbereifung, (auch Zwilling), Riemenscheibe, elektrischer Anlasser
Kühlung	Wasser	Stückzahlen	–

Das ist wohl der Traum jedes Traktorensammlers: irgendwann dieser Tage fährt man durch ein Dorf, in das man schon öfters gekommen ist, und traut plötzlich seinen Augen nicht: ein vergammelter, aber durchaus noch sehenswerter, kompletter R 40, der auch noch läuft, müht sich mit einem Atlas-Heckbagger ab. Das Gnadenbrot als Antrieb für den Bagger hat ihn sicher vor dem Schneidbrenner bewahrt.

Der R 40 wurde um 1940 vorgestellt. Er sollte die R-38 und R-45-Typen ablösen. Er entwickelte sich zu einem erfolgreichen Traktor, der bis 1949 in vielen 1000 Exemplaren gebaut wurde, um 1950 vom R 45 abgelöst zu werden.
Der Hanomag ist übrigens in Sammlerkreisen durchaus bekannt, der jetzige Besitzer weigert sich aber standhaft, sich von ihm zu trennen.

Technische Daten Hanomag R 40

Motor	Viertakt-Diesel D 52 Vorkammer	Gewicht (kg)	ca. 3500 je nach Ausrüstung
Zylinder	4 Reihe	Getriebe/Gänge (V/R)	5/1 (Eigenbau)
Bohrung × Hub	105 × 150	Länge × Breite (mm)	3530 × 1800 (ohne Bagger)
Hubraum (cm^3)	5190	Geschwindigkeit (km/h)	21
Leistung (PS)	40	Baujahr/Prod.-Zeitraum	1942–1951
Drehzahl (U/min)	1200	Besonderheiten	heute noch im Einsatz
Kühlung	Wasser	Stückzahlen	Okt. 1945 bis Sept. 1946: 1439, 1947: 1061

Der Bau von Raupen hat bei Hanomag Tradition und wurde schon in den 20er Jahren betrieben. Damals wurden sie noch mit Vergasermotoren angetrieben. Eine interessante Entwicklung von 1943 war die Raupe K50 (später KV50). Der bewährte D-52-Motor war mit Getriebegehäuse und Portalhinterachse verblockt. Vorn war eine querliegende Blattfeder eingebaut. Das Lenkrad betätigte die Lenkbremseinrichtung, Hanomag hatte also bei diesem Modell bewußt auf Lenkhebel verzichtet. Die K-50-Raupe war von 1942 bis Kriegsende ein wichtiges Modell in der reduzierten Typenpalette.
Die hier gezeigte Maschine wurde als nicht funktionsfähige „Rostlaube" gekauft und technisch und optisch von Grund auf mit viel Sachverstand restauriert.

Technische Daten Hanomag Raupe K 50

Motor	Viertakt-Diesel D52 Vorkammer	Gewicht (kg)	ca. 4700
Zylinder	4 Reihe	Getriebe/Gänge (V/R)	3/1 (Eigenbau)
Bohrung × Hub	105 × 150	Länge × Breite (mm)	2770 × 1800
Hubraum (cm^3)	5195	Geschwindigkeit (km/h)	8
Leistung (PS)	50	Baujahr/Prod.-Zeitraum	1943
Drehzahl (U/min)	1300	Besonderheiten	Lenkrad zur Betätigung der Lenkbremsen
Kühlung	Wasser	Stückzahlen	1943 wurden 656 Stück gebaut

Zur DLG-Ausstellung 1951 in Frankfurt hatte Hanomag einen imposanten Stand aufgebaut und stellte eine beachtenswerte Modellpalette vor: das Wirtschaftswunder kündigte sich an, die Landwirte hatten Geld, um Traktoren zu kaufen, und der Bedarf war groß.
Aus dem bewährten R 40 hatte man den R 45 weiterentwickelt. Der D-57-Motor basierte auf dem alten D 52. Dieses neue Triebwerk wog komplett 800 kg, was damals leichte Schlepper auf die Waage bringen konnten. Es gab den R 45 in verschiedenen Acker- und Straßenausführungen, sogar noch mit Eisenbereifung und Dreigang-Getriebe. Andererseits gab es modernes Zubehör wie Frontlader oder eine 3-t-Seilwinde. Für Transportarbeiten stand ein Schnellgang-Getriebe zur Verfügung.

Technische Daten Hanomag R 45

Motor	Viertakt-Diesel D 57 Vorkammer	Gewicht (kg)	ca. 3220
Zylinder	4 Reihe	Getriebe/Gänge (V/R)	5/1 (Eigenbau)
Bohrung × Hub	110 × 150	Länge × Breite (mm)	3535 × 1750
Hubraum (cm³)	5702	Geschwindigkeit (km/h)	20 (Schnellgang 25)
Leistung (PS)	45	Baujahr/Prod.-Zeitraum	1950–1957
Drehzahl (U/min)	1200	Besonderheiten	Blockbauweise, Preis: ca. 14554.– DM
Kühlung	Wasser	Stückzahlen	–

Ungefähr ein Jahr nach der Vorstellung des R45 wurde das Programm um den R55 erweitert. Er war eigentlich für den Export gedacht. Der D-57-Motor leistete bei leicht erhöhter Drehzahl 10 PS mehr, also 55 PS.
Außergewöhnlich und heute sehr gesucht ist natürlich die Variante mit der Turbokupplung: der ATK.
Bei dieser Kupplung wird die Verbindung zwischen Motor und Getriebe nur durch Öl hergestellt. Der Fahrer kann in dem Gang anfahren, in dem die Last mit maximaler Geschwindigkeit bewegt werden soll. Das Schalten entfällt. Die Fendt-Turbomatik beisipielsweise, die auf demselben Prinzip aufbaut, wurde erst 1968 serienmäßig in die Farmer-Baureihe eingebaut!
Besonderes Aufsehen erregten die R55ATK, auch NATO-Hanomag genannt, die als Flugzeugschlepper mit 900 kg schweren Gußfelgen, festem Benze-Fahrerhaus und Plexiglasdach ausgerüstet waren. Nachfolger war dann der R455 ATK.

Technische Daten Hanomag R 55 ATK

Motor	Viertakt-Diesel D57 Vorkammer	Gewicht (kg)	ca. 5200
Zylinder	4 Reihe	Getriebe/Gänge (V/R)	5/1 (Eigenbau) und Voith-Strömungskupplung
Bohrung × Hub	110 × 150	Länge × Breite (mm)	4200 × 1900
Hubraum (cm^3)	5702	Geschwindigkeit (km/h)	20 (Schnellgang 25)
Leistung (PS)	55	Baujahr/Prod.-Zeitraum	1952–1957
Drehzahl (U/min)	1300	Besonderheiten	Blockbauweise, Preis: ca. 14554.– DM
Kühlung	Wasser	Stückzahlen	–

Schon bald nach dem Krieg wollte Hanomag mit einem Universalschlepper mit ca. 20 PS auf den Markt kommen. Zum Jahresende 1948 war es endlich soweit: der R 25 war serienreif. Zunächst war er mit dem D-19-Motor mit 20/25 PS ausgerüstet, der aber leistungsmäßig nicht völlig überzeugen konnte. Unzufriedene Hanomag-Besitzer konnten ihn eine Zeitlang kostenlos gegen den stärkeren D 28 austauschen!

Der D-28-Motor reifte zu einer Baukastenreihe, die im R 35 sowie im Hanomag-Lastwagen L 28 eingebaut wurde. Der R 25 konnte mit Mähwerk, hydraulischem Kraftheber und Dach ausgerüstet werden. Die Spur war für Pflegearbeiten dreifach verstellbar: 1300/1400/1500 mm. Hanomag wollte mit erfolgreichen und überzeugenden Modellen Marktführer werden, was 1954 mit knapp 14% Anteil an Neuzulassungen endlich gelang.

Technische Daten Hanomag R 25

Motor	Viertakt-Diesel D 28 Vorkammer	Gewicht (kg)	ca. 1800
Zylinder	4 Reihe	Getriebe/Gänge (V/R)	5/1 (Eigenbau)
Bohrung × Hub	90 × 110	Länge × Breite (mm)	2990 × 1580/1840
Hubraum (cm^3)	2798	Geschwindigkeit (km/h)	18, abhängig von Bereifung
Leistung (PS)	28	Baujahr/Prod.-Zeitraum	1949
Drehzahl (U/min)	1900	Besonderheiten	Halbrahmenbauweise, Preis: ca. 9500.– DM
Kühlung	Wasser	Stückzahlen	bis 1950 ca. 2700

1954 war der 100000. Schlepper bei Hanomag vom Band gelaufen. Damit war man vom fünften Platz in der Zulassungsstatistik des Jahres 1953 mittlerweile auf den ersten Rang aufgerückt. Inzwischen war die Rheinstahl AG Besitzer der Hanomag-Werke geworden.
Die Zulassungszahlen verhalfen der Hanomag, weiterhin an der Spitze der deutschen Traktorenhersteller zu bleiben.
Um diese Position beibehalten zu können, wurde das Programm modernisiert: neue Motoren und ein anderes Äußeres sollten die Weiterentwicklung zeigen.
Der R324 Combitrac ist ein Vertreter dieser neuen Tragschlepper-Baureihe mit Anbaumöglichkeiten vorne, hinten und in der Mitte. Mit ihm sollte der Landwirt möglichst viele Arbeiten mit einem Traktor durchführen können. (13)

Technische Daten Hanomag R 324 Combitrac

Motor	Viertakt-Diesel D21 Vorkammer	Gewicht (kg)	1550
Zylinder	3	Getriebe/Gänge (V/R)	10/2 (Eigenbau)
Bohrung × Hub	90 × 110	Länge × Breite (mm)	2750 × 1580–1780
Hubraum (cm^3)	2099	Geschwindigkeit (km/h)	20
Leistung (PS)	24	Baujahr/Prod.-Zeitraum	1957–1962
Drehzahl (U/min)	1700	Besonderheiten	Halbrahmenbauweise
Kühlung	Wasser	Stückzahlen	–

Der 1955 auf den Markt gebrachte R 35/45 wurde ab 1957 vom R435/45 abgelöst. Der D-28-Dieselmotor, der auch in den Hanomag-Lastwagen Verwendung fand, leistete 35 PS, konnte aber durch ein mechanisch angetriebenes Roots-Gebläse und eine größere Einspritzmenge in der Leistung gesteigert und auf 45 PS gebracht werden. Das Einschalten des Roots-Gebläses erfolgte vom Fahrersitz aus.
Mit der Doppelkupplung konnte der Fahrer Zapfwelle und Fahrantrieb getrennt kuppeln – ein bedeutender Vorteil bei schweren, zapfwellengetriebenen Geräten.
Schon 1961 wurde der R435 wiederum abgelöst, und zwar durch den Granit. (11)
Ab 1956 gingen die Zulassungszahlen zurück, der erste Platz wurde von Deutz eingenommen. 1960 war Hanomag mit 6165 verkauften Einheiten auf unter 7% gerutscht.

Technische Daten Hanomag R 435 A

Motor	Viertakt-Diesel D28 Vorkammer	Gewicht (kg)	1960
Zylinder	4 Reihe	Getriebe/Gänge (V/R)	10/2 Eigenbau
Bohrung × Hub	90 × 110	Länge × Breite (mm)	3020 × 1610–1840
Hubraum (cm^3)	2799	Geschwindigkeit (km/h)	20
Leistung (PS)	35/45	Baujahr/Prod.-Zeitraum	1959 / 1957–1961
Drehzahl (U/min)	1900	Besonderheiten	Roots-Gebläse zur Leistungssteigerung, Halbrahmenbauweise
Kühlung	Wasser	Stückzahlen	–

Im Jahr 1960 feierte Hanomag sein 125jähriges Bestehen. Zur internationalen Landwirtschaftsausstellung 1963 in Paris zeigte das Unternehmen erstmals den Perfekt 400. Das Besondere an diesem Tragschlepper war der Dieselmotor, der von den Borgward-Werken in Hamburg bezogen und bis 1968 in Hanomag-Traktoren eingebaut wurde. Der D-301-R-Motor konnte auf Leistungen von 25, 32 und 34 PS eingestellt werden.

Im Jahr 1964 war die Ära der runden Hauben endgültig abgelaufen: Perfekt 300 und Perfekt 400 hatten die eckigen Hauben bekommen. Als Tragschlepper konnten sie auch Geräte im Zwischenachsanbau aufnehmen. Außerdem waren die Arbeitsplätze des Fahrers modernisiert worden. Die Rheinstahl Hanomag AG hatte 1961 die Borgward-Produktionsanlagen und auch einige Motorenkonstrukteure und deren Know-How übernommen.

Technische Daten Hanomag Perfekt 400

Motor	Viertakt-Diesel D 301 R (Borgward)	Gewicht (kg)	1770
Zylinder	4 Reihe	Getriebe/Gänge (V/R)	6/2 (Eigenbau)
Bohrung × Hub	78 × 94	Länge × Breite (mm)	3300 × 1580
Hubraum (cm^3)	1797	Geschwindigkeit (km/h)	20 oder 27
Leistung (PS)	32	Baujahr/Prod.-Zeitraum	1964–1970
Drehzahl (U/min)	2400	Besonderheiten	Borgward-Motor, Blockbauweise
Kühlung	Wasser	Stückzahlen	–

In dieser Baureihe mit den eckigen Hauben gab es natürlich auch eine wohlabgestufte Typenpalette. Perfekt mit 25 und 34 PS, Granit 500 mit 40 bzw. 48 PS, Brillant 600 mit 58/62, bzw. 68/75 PS (mit und ohne Allradantrieb) und den Robust 900 mit 85/92 PS, ebenfalls mit und ohne Allradantrieb.
Ab der Granit-Reihe aufwärts war das Getriebe von 6/2 Gängen auf 9/3 Gänge, also drei Gruppen umgestellt worden. Zwei Zapfwellendrehzahlen (540 und 1000 U/min) konnten gewählt werden.
Es war die letzte Traktorenentwicklung bei Hanomag, ehe der Traktorenbau 1970/71 endgültig eingestellt wurde. Angesichts der unzähligen Hanomags, die heute noch ihren Dienst verrichten oder als Sammlerstücke erhalten sind, muß man vor deren Robustheit den Hut ziehen.

Technische Daten Hanomag Granit 500 E

Motor	Viertakt-Diesel D 132 R 2 Wirbelkammer	Gewicht (kg)	2070
Zylinder	3 Reihe	Getriebe/Gänge (V/R)	9/3 (Eigenbau-Dreigang in drei Gruppen)
Bohrung × Hub	100 × 100	Länge × Breite (mm)	3420 × 1765
Hubraum (cm³)	2336	Geschwindigkeit (km/h)	20 oder 28
Leistung (PS)	48	Baujahr/Prod.-Zeitraum	ab 1967
Drehzahl (U/min)	2600	Besonderheiten	Preis 1967: 15470.– DM, arbeitet heute noch als Grünlandschlepper
Kühlung	Wasser	Stückzahlen	–

1964 kam der Robust 800 auf den Markt. Er sollte den erfolgreichen R460 ablösen, dessen D-57-Motor bei leicht erhöhter Drehzahl zuletzt 58PS abgab. Der Motor des Robust, der D941, wurde auch in die Raupen eingebaut. Der Schlepper war für schwerste Arbeiten in Land-, Forstwirtschaft und im Transportgewerbe vorgesehen. Er konnte mit umfangreichem Zubehör ausgestattet (u.a. die Hanomag-Auto-Pilot-Regelung der Arbeitstiefe) und mit Wasserfüllung in den Reifen auf über 7000kg Eigengewicht gebracht werden. Die Zapfwelle war von der Fahrzeugkupplung unabhängig und unter Last schaltbar. Es war der letzte Hanomag mit dem langhubigen Vorkammer-Dieselmotor. Unter anderem wurde er auch in die Raupe K7 eingebaut. (13)

Technische Daten Hanomag Robust 800

Motor	Viertakt-Diesel D941R Wirbelkammer	Gewicht (kg)	3420
Zylinder	4 Reihe	Getriebe/Gänge (V/R)	5/1 oder 10/2 Eigenbau
Bohrung × Hub	120 × 150	Länge × Breite (mm)	3800 × 1970
Hubraum (cm^3)	6786	Geschwindigkeit (km/h)	20 oder 27
Leistung (PS)	75	Baujahr/Prod.-Zeitraum	1964–1969
Drehzahl (U/min)	1500	Besonderheiten	Vorkammer-Motor (635 kg schwer), Blockbauweise
Kühlung	Wasser	Stückzahlen	–

Die kurzhubigen Hanomag-Kompaktmotoren mit 100 mm Hub wurden als Baukastensystem entwickelt. Damit sollte der Weg in die 70er Jahre angetreten werden. Umstrukturieungen innerhalb der Firma und des Rheinstahl-Konzerns, Konkurrenzdruck, sinkender Bedarf an Traktoren – eine Vielzahl von Faktoren, die letztlich aber zur Aufgabe der Traktorenproduktion im März 1970 führten. Krönung der Serienprodukte war der Robust 900 Allrad, der damals für 37 100.– DM zu haben war. Ein leistungsstarker, moderner Traktor, den man als gelungene Konstruktion bezeichnen darf.

Es war der stärkste Serienschlepper innerhalb der letzten Hanomag-Entwicklung im Traktorenbau, geeignet auch für schwerste Anhängegeräte.

Technische Daten Hanomag Robust 900 A

Motor	Viertakt-Diesel D 162 R Wirbelkammer	Gewicht (kg)	4030
Zylinder	6	Getriebe/Gänge (V/R)	12/3 (Eigenbau)
Bohrung × Hub	100 × 100	Länge × Breite (mm)	3990 × 2015
Hubraum (cm^3)	4710	Geschwindigkeit (km/h)	27
Leistung (PS)	92	Baujahr/Prod.-Zeitraum	1969 / 1967–1969
Drehzahl (U/min)	2600	Besonderheiten	ZF-Hydrolenkung, Hydraulik, Druckluft, hydraul. Fußbremse, Lenkrad- bzw. Seitenschaltung, ZF-Vorderachse
Kühlung	Wasser	Stückzahlen	–

1902 schlossen sich die amerikanischen Landmaschinenhersteller Deering und McCormick zur International Harvester Company zusammen. Beides waren renommierte Firmen, die sich im Bereich der Getreideernte einen Namen gemacht hatten. Schon sechs Jahre später, 1908, wurde eine deutsche Tochtergesellschaft gegründet. In Neuss am Rhein entstanden große Produktionsanlagen. Neben Mähmaschinen und Getreideerntemaschinen wurden dort natürlich Traktoren für den europäischen Markt konstruiert und produziert. Leider wurden die Fertigungsstätten in Neuss 1997 aufgegeben.
Der F 12 G, eine typisch amerikanische Konstruktion, wurde zunächst in Neuss nur montiert, später dort komplett gefertigt. (8)

Technische Daten Farmall F 12 G

Motor	Viertakt-Benzin/Petroleum IHC	Gewicht (kg)	1710
Zylinder	4	Getriebe/Gänge (V/R)	4/1 (Eigenbau)
Bohrung × Hub	80 × 101,6	Länge × Breite (mm)	2800 × 1700
Hubraum (cm^3)	2043	Geschwindigkeit (km/h)	14,5
Leistung (PS)	12	Baujahr/Prod.-Zeitraum	1936/37 bis ca. 1950
Drehzahl (U/min)	1650	Besonderheiten	Start mit Benzin, läuft mit Petroleum weiter, als Hackfrucht-Pflegeschlepper mit vielfach verstellbarer Spurweite, Halbrahmenbauweise
Kühlung	Wasser	Stückzahlen	bis 1944/45 ca. 10900

Der Farmall FG war die erste eigenständige Nachkriegsentwicklung in Neuss. Die eigenartige Lenkkonstruktion, bei der das senkrecht stehende Lenkrad die Drehbewegung über die Motorhaube hinweg über ein Lenkgetriebe senkrecht nach unten auf die Spurstangen überträgt, wurde beibehalten. Ebenfalls beibehalten wurde auch der Benzin-Vergasermotor, obwohl sich in Europa bei den Traktoren schon damals klar abzeichnete, daß sich der Dieselmotor durchsetzen würde. IHC mußte dies bald anhand schwacher Zulassungszahlen, man war zeitweise auf den 25. Platz zurückgefallen, erkennen und eingestehen. Der amerikanische Einfluß auf die Traktorenkonstruktion in Neuss war noch zu groß. (8)

Technische Daten IHC Farmall FG

Motor	Viertakt-Benzin/Petroleum IHC	Gewicht (kg)	1830
Zylinder	4	Getriebe/Gänge (V/R)	4/1 (Eigenbau)
Bohrung × Hub	80 × 101,6	Radstand (mm)	1950
Hubraum (cm^3)	2043	Geschwindigkeit (km/h)	14,5
Leistung (PS)	20	Baujahr/Prod.-Zeitraum	1948
Drehzahl (U/min)	1650	Besonderheiten	Halbrahmenbauweise
Kühlung	Wasser	Stückzahlen	1947: 250

Es war klar, daß sich der Dieselmotor auf dem europäischen Markt durchsetzen würde. Nachdem die Verkaufszahlen gesunken waren und der Grund offensichtlich der Vergasermotor war, hatte IHC schnell reagiert und für den europäischen Markt ein Dieselaggregat (auf Basis des Vergasermotors) zur Serienreife gebracht. IHC bot sogar den Umbau älterer Vergaserschlepper auf den Dieselmotor an. Dies war der entscheidende Schritt zum ersten in Neuss entwickelten Dieselschlepper: dem DF25.

Im Gegensatz zum amerikanischen Markt, auf dem das Anlassen von Dieselmotoren mit Hilfe von Benzin noch lange üblich war, erhielt der DF25 sofort eine Direktstartanlage mit Glühkerzen und Elektroanlasser. (8)

Technische Daten DF 25

Motor	Viertakt-Diesel IHC	Gewicht (kg)	1370
Zylinder	4	Getriebe/Gänge (V/R)	4/1 (Eigenbau)
Bohrung × Hub	80 × 101,6	Länge × Breite (mm)	2980 × 1680
Hubraum (cm^3)	2043	Geschwindigkeit (km/h)	14,5
Leistung (PS)	25	Baujahr/Prod.-Zeitraum	1948
Drehzahl (U/min)	1650	Besonderheiten	Kraftstoffverbrauch: 200 g/PS/h, ZF-Roß-Lenkung, Halbrahmenbauweise
Kühlung	Wasser	Stückzahlen	–

Der nächste Entwicklungsschritt führte im Jahr 1952 zu einer Traktoren-Baureihe mit den Modellen DLD2, DED3, DGD4. Damit konnte IHC in einem Baukastensystem Motoren mit zwei, drei und vier Zylindern für Schlepper mit 14, 20 und 30 PS Leistung anbieten. Es waren moderne, relativ leichte Traktoren.
Mit dieser Baureihe gelang es IHC, unter die ersten zehn Anbieter in der deutschen Zulassungsstatistik aufzusteigen. Bei der damals recht großen Anzahl an Traktorenproduzenten eine beachtliche Leistung. Flaggschiff dieser knallrot lackierten Schlepper-Baureihe war der Typ DGD4. Seine 30 PS waren damals für viele Landwirte eine Leistung, die großen Mittelbetrieben vorbehalten war und die für fast alle Arbeiten ausreichte.
An diesem DGD4 hängt ein IHC-Eintuchschnellbinder aus Neusser Produktion. (8)

Technische Daten DGD 4

Motor	Viertakt-Diesel IHC	Gewicht (kg)	1370
Zylinder	4	Getriebe/Gänge (V/R)	5/1 (Eigenbau)
Bohrung × Hub	82,6 × 101,6	Länge × Breite (mm)	2880 × 1620
Hubraum (cm^3)	2175	Geschwindigkeit (km/h)	18
Leistung (PS)	30	Baujahr/Prod.-Zeitraum	ab 1952
Drehzahl (U/min)	1900	Besonderheiten	Vorderachsfederung, auf Wunsch doppeltwirkende Hydraulik, Blockbauweise
Kühlung	Wasser	Stückzahlen	–

Die D-Reihe wurde 1957 auf den Markt gebracht. Ein Jahr später konnte IHC den 50. Geburtstag des Neusser Werkes feiern.
Herausragende Neuerung der D-Reihe war die „Agriomatic“ für Schlepper über 20 PS. Mit der Ein-Hebel-Bedienung konnte in den Ackergängen der Schlepper von Hand in Bewegung gesetzt werden oder, was auch nicht zu unterschätzen war, Helfer oder die Kinder konnten beim Aufladen „vorfahren“. Außerdem konnte mit der Agriomatic ausgekuppelt und angehalten werden, ohne den Kraftfluß der Zapfwelle zu unterbrechen.
Die D-Reihe setzte sich schnell durch und half mit, IHC 1962 auf den zweiten Platz in der Zulassungsstatistik zu bringen.

Technische Daten IHC McCormick D 432

Motor	Viertakt-Diesel IHC	Gewicht (kg)	ca. 1400
Zylinder	4	Getriebe/Gänge (V/R)	8/2 (Eigenbau Agriomatic)
Bohrung × Hub	83 × 102	Länge × Breite (mm)	2930 × 1640
Hubraum (cm^3)	2175	Geschwindigkeit (km/h)	20
Leistung (PS)	32	Baujahr/Prod.-Zeitraum	ab 1962
Drehzahl (U/min)	1900	Besonderheiten	heute noch im Erstbesitz
Kühlung	Wasser	Stückzahlen	–

Die Common Market Line erschien 1965. Die in Neuss produzierten Motoren arbeiteten nun nach dem Direkteinspritz-Verfahren. Das überarbeitete Agriomatic-Getriebe bot Lastschaltstufen und eine Lastwendeschaltung. Es wurde im IHC-Werk in Saint Dizier/Frankreich hergestellt. Sogar Wandlergetriebe konnten auf Wunsch geliefert werden.

Äußeres Merkmal der Common Market Line waren die kantigen Hauben, die noch lange das Styling der IHC-Schlepper prägten.
Der abgebildete 724 S Allrad wurde 1998 auf der Schwäbischen Alb fotografiert. Dort konnte er sich im Sommer an einer kleineren Rundballenpresse bewähren.

Technische Daten IHC 724 S Allrad

Motor	Viertakt-Diesel Direkteinspritzer	Gewicht (kg)	2700
Zylinder	4	Getriebe/Gänge (V/R)	8/4 (Eigenbau)
Bohrung × Hub	98 × 129	Länge × Breite (mm)	3680 × 1680
Hubraum (cm^3)	3900	Geschwindigkeit (km/h)	25
Leistung (PS)	70	Baujahr/Prod.-Zeitraum	1967
Drehzahl (U/min)	2300	Besonderheiten	Scheibenbremsen, Regelhydraulik
Kühlung	Wasser	Stückzahlen	–

Der IHC 743 SA war mit genügend Leistung ausgestattet. Der Allradantrieb sicherte fast immer ein Durchkommen. Die Comfort-2000-Kabine war eine Weiterentwicklung des Arbeitsplatzes, die die Landwirte sehr schätzten. Das vollsynchronisierte Getriebe war mit der Lenkradschaltung leicht zu bedienen.
Die Gruppenschaltung war als Seitenschaltung links untergebracht, so daß der Durchstieg nicht behindert wurde.

Für schwere Anbaugeräte empfahl sich in späteren Jahren eine Nachrüstung mit einem zusätzlichen Hubzylinder. Auch eine Fronthydraulik und Frontzapfwelle wurden angebaut. Ansonsten verrichtet der hier abgebildete Schlepper ohne Motorreparatur mit heute über 6200 Betriebsstunden klaglos seinen Dienst.

Technische Daten IHC 743 SA

Motor	Viertakt-Diesel IHC	Gewicht (kg)	3710
Zylinder	4	Getriebe/Gänge (V/R)	16/8 (Eigenbau)
Bohrung × Hub	98 × 129	Länge × Breite (mm)	3576 × 2050
Hubraum (cm³)	3911	Geschwindigkeit (km/h)	25/30
Leistung (PS)	67	Baujahr/Prod.-Zeitraum	1980
Drehzahl (U/min)	2300	Besonderheiten	voll synchronisiertes Getriebe, 540er- und 1000er-Zapfwelle, Allrad-Vorderachse von ZF
Kühlung	Wasser	Stückzahlen	–

Im Jahr 1975 verläßt der 325000. Traktor die IHC-Werke in Neuss. 1977 kommen entsprechend ihrer Leistung und Erscheinung die „Roten Löwen“ auf den Markt. Sie sind mit der Comfort-2000-Kabine ausgestattet.
Für die oberen Leistungsklassen stellt IHC einen Sechszylinder-Typ zur Verfügung. Das bewährte Getriebe mit der Lenkradschaltung wird beibehalten.

Ein gewaltiger Vertreter dieser Baureihe ist der 1455 (ihn gab es auch als 1455XL). Er muß sich seinen „Gnadendiesel“ heute auch noch auf Trecker-Trecks verdienen. Sein Saugmotor mit über 6,5 l Hubraum wird das sicher noch eine Weile mitmachen, wie sich Getriebe und Achsen halten, wird man sehen. (8)

Technische Daten IHC 1455

Motor	Viertakt-Diesel Direkteinspritzer DDT 402 Turbo	Gewicht (kg)	6420
Zylinder	6	Getriebe/Gänge (V/R)	16/8 (ZP)
Bohrung × Hub	100 × 129	Länge × Breite (mm)	4740 × 2940
Hubraum (cm^3)	6586	Geschwindigkeit (km/h)	25/30
Leistung (PS)	145	Baujahr/Prod.-Zeitraum	1977
Drehzahl (U/min)	2200	Besonderheiten	Turbolader, auf Wunsch Turbokupplung
Kühlung	Wasser	Stückzahlen	–

1985 erwirbt die J. I. Case mit Sitz in Racine (Wisconsin/USA) den Landmaschinensektor von International Harvester. Die CASE-Traktoren werden nun rot – schwarz lackiert. Die Modellpalette wird nicht komplett geändert, vielmehr werden die Traktoren je nach Baujahr als IHC oder CASE verkauft.
Die 40-km-Getriebe werden als Standard eingeführt. Man bleibt aber beim langhubigen IHC-Motor.

So ist auch der abgebildete 1056 XL, vom Baujahr abhängig, als IHC oder als CASE anzutreffen. Er gibt hier vor einer Quader-Presse sein Bestes.
Sein Besitzer mußte beim Neukauf rund 61000.– bis 67000.– DM aufbringen (also noch nicht ganz die 1000,– DM pro PS, die heute üblich sind), lag damit aber deutlich unter einem gleich starken Fendt-Traktor.

Technische Daten CASE 1056 XL

Motor	Viertakt-Diesel Direkteinspritzer Saugmotor	Gewicht (kg)	4750
Zylinder	6	Getriebe/Gänge (V/R)	16/8
Bohrung × Hub	98 × 129	Länge × Breite (mm)	4260 × 2310
Hubraum (cm³)	5867	Geschwindigkeit (km/h)	30 oder 40
Leistung (PS)	105	Baujahr/Prod.-Zeitraum	ab 1982 als IHC, ab 1985 als CASE
Drehzahl (U/min)	2300	Besonderheiten	Regelhydraulik, SENS O DRAULIC
Kühlung	Wasser	Stückzahlen	–

Schwere Baureihen, die ab 1989 in Neuss als CASE-Traktoren produziert werden, sind die „MAXXUM"-Schlepper. Die Getriebe kommen aus Frankreich. Die leichteren Typen werden fortan in England hergestellt.
Die Motoren von 50 bis 100 PS werden künftig von Perkins bezogen, leistungsstärkere Aggregate werden in Zusammenarbeit mit Cummins gefertigt.

Der CASE International 7130 hat vor dem Fünfscharpflug sicher keine Probleme. Selbstverständlich ist auch bei CASE die elektronische Unterlenkerregelung längst Standard geworden. Der Allradantrieb ist mit einer ölgekühlten Lamellenkupplung ausgestattet, und wer will, kann den CASE sogar mit einem satellitengestützten Navigationssystem ausrüsten! (8)

Technische Daten CASE Magnum 7130

Motor	Viertakt-Diesel 6T 830	Gewicht (kg)	ca. 7500
Zylinder	6	Getriebe/Gänge (V/R)	21/8
Bohrung × Hub	114 × 135	Länge × Breite (mm)	5610 × 2600
Hubraum (cm^3)	8300	Geschwindigkeit (km/h)	40
Leistung (PS)	210	Baujahr/Prod.-Zeitraum	ab 1996
Drehzahl (U/min)	2300	Besonderheiten	Rahmenbauweise, Klimaanlage, Full-Power-Shift-Getriebe (alle Gänge mit einem Hebel schaltbar)
Kühlung	Wasser	Stückzahlen	–

Auch CASE hat die Haubenformen der allerneuesten Baureihe CS geändert. Dem Styling der Schräghauber folgend, wurde die Frontpartie umgestaltet, um die Sicht auf Frontanbaugeräte zu verbessern. Die CS-Klasse umfaßt Traktoren mit vier oder sechs Zylindern und Leistungen von 58 bis 150 PS. Die stärkeren Typen haben einen aufgeladenen Dieselmotor. Weitere Merkmale sind: ein Power-Shift-Getriebe mit Gangvorwahl und Kupplungsbetätigung, vier Lastschaltstufen, EHR, automatische Schwingungstilgung an der Hydraulik sowie eine Großraumkabine, die nach neusten ergonomischen Erkenntnissen gestaltet ist.
Auch im Traktorenbau ähneln sich die Modelle der verschieden Hersteller immer mehr, eine Tendenz, die im Automobilbau schon längst Normalität geworden ist.

Technische Daten CASE CS 94 A

Motor	Viertakt-Diesel Turbo	Gewicht (kg)	3900
Zylinder	4	Getriebe/Gänge (V/R)	16/8 oder 16/16 oder 32/16
Bohrung × Hub	108 × 120	Länge × Breite (mm)	3840 × 1980
Hubraum (cm^3)	4156	Geschwindigkeit (km/h)	40
Leistung (PS)	94 (69 kW)	Baujahr/Prod.-Zeitraum	ab 1998
Drehzahl (U/min)	2100	Besonderheiten	Beim Bremsen wird automatisch der Allradantrieb zugeschaltet
Kühlung	Wasser	Stückzahlen	–

Auch für ganz große Betriebe mit entsprechenden Flächen hat CASE Lösungen, die vom US-amerikanischen Markt übernommen werden konnten. Der bullige Allrad-Knicklenker CASE-Steiger 9370 deckt diesen Bedarf ab. Seit der Wiedervereinigung sind einige dieser Maschinen in die neuen Bundesländer gegangen. Sie lösen dort zum Beispiel die russischen Kirovets-Schlepper ab. Sogar eine Raupenvariante wird angeboten. Die Maschinen werden allerdings komplett in den USA gebaut.

Der Trend geht deutlich sichtbar bei solch großen Traktoren in Richtung Anhängegeräte. Bei großen Flächen sind Geräte an der Hydraulik nicht mehr einzusetzen.

Der Motor kommt von Cummins. Der Preis des Traktors liegt bei rund DM 300000.– DM. (8)

Technische Daten CASE-Steiger 7230

Motor	Viertakt-Diesel Cummins Turbo mit Ladeluftkühlung	Gewicht (kg)	16000
Zylinder	6	Getriebe/Gänge (V/R)	12/3 Lastschaltung
Bohrung × Hub	–	Länge × Breite (mm)	7080 × 2440
Hubraum (cm³)	14100	Geschwindigkeit (km/h)	30
Leistung (PS)	360 (268 kW)	Baujahr/Prod.-Zeitraum	1998
Drehzahl (U/min)	2100	Besonderheiten	Allrad-Knickschlepper, Bordcomputer, Führerschein Klasse 2 erforderlich
Kühlung	Wasser	Stückzahlen	–

Die Gebrüder Kelkel stellten ab 1933 in Asperg bzw. Tamm Kreis Ludwigsburg/Württemberg (am Hohenasperg gelegen) vor allem landwirtschaftliche Anhänger und vereinzelt ab 1936/37 auch Einachsschlepper her. 1946 bauten sie gemeinsam Konfektionsschlepper mit gekauften Motoren (MWM) und gekauften Getrieben (ZF), außerdem stellten sie Triebachsanhänger her. 1948 teilten die Brüder das gemeinsame Unternehmen auf: Gottfried Kelkels Firma bestand bis 1956, die von Josef Kelkel bis 1953.
Aus letzterer dieser kleinen Traktorenschmieden stammt der Kelkel K40 mit dem großen MWM-Dreizylinder-Motor, von dem sicher nur wenige Exemplare gebaut wurden. Er ist technisch in Ordnung und im unrestaurierten Originalzustand erhalten.

Technische Daten Kelkel K 40

Motor	Viertakt-Diesel MWM KDW 415 D	Gewicht (kg)	2430
Zylinder	3	Getriebe/Gänge (V/R)	5/1 (ZF)
Bohrung × Hub	100 × 150	Länge × Breite (mm)	3360 × 1670
Hubraum (cm^3)	3534	Geschwindigkeit (km/h)	20
Leistung (PS)	40	Baujahr/Prod.-Zeitraum	1950
Drehzahl (U/min)	1500	Besonderheiten	Zapfwelle, Riemenscheibe
Kühlung	Wasser	Stückzahlen	–

Im Allgäu stellte die Firma Klauder Fahrzeugbau von 1949 bis 1952 kleinere Traktoren her. Der Markenname Büffel versprach allerdings mehr als einen leichten Schlepper für kleinere Betriebe. Die Komponenten wurden zugekauft, es fand nur eine Endmontage statt.
Firmen wie diese gab es viele: der enorme Bedarf an Traktoren in den 50er Jahren reizte zahlreiche Fahrzeugbauer, mechanische Werkstätten oder Schmiede dazu, mit Hilfe von zugekauften Standardkomponenten eigene Traktoren zu bauen – heute nennt man diese Vorgehensweise verringerte Fertigungstiefe. Sie traten nur regional in Erscheinung und sind auch in Sammlerkreisen nur wenig bekannt.

Technische Daten Klauder Büffel

Motor	Hatz Zweitakt-Diesel	Gewicht (kg)	1080
Zylinder	1	Getriebe/Gänge (V/R)	4/1 (ZF)
Bohrung × Hub	100 × 130	Spurweite (mm)	1270
Hubraum (cm^3)	1020	Geschwindigkeit (km/h)	20
Leistung (PS)	14	Baujahr/Prod.-Zeitraum	1953 (!)
Drehzahl (U/min)	1500	Besonderheiten	–
Kühlung	Wasser	Stückzahlen	–

Ebenfalls Pionier im Traktorenbau waren die Gebrüder Kramer, die in Süddeutschland (Gutmadingen in der Nähe der Donauquelle) ab 1925 erste motorisierte Grasmäher mit Benzinmotor bauten. Bald wurden Güldner-Dieselmotoren verwendet. Rasch entwickelte sich der Schlepperbau, so daß in den 50er Jahren bis zu 10000 gebaute Exemplare jährlich ausgeliefert werden konnten.

Kramer hatte nie eine eigene Motorenfertigung. 1971 mußte der Traktorenbau wegen ungenügendem Absatz aufgegeben werden. Bis heute ist das Unternehmen aber immer noch tätig, vor allem mit der Herstellung von Radladern für das Baugewerbe, ein Produktionszweig, der schon 1959 aufgenommen worden war.

Technische Daten Kramer 600 Export

Motor	Viertakt-Diesel Standard-Triumpf OE 160	Gewicht (kg)	2450
Zylinder	4	Getriebe/Gänge (V/R)	12/6 (3 Gruppen) (Eigenbau)
Bohrung × Hub	88 × 108	Länge × Breite (mm)	3620 × 1750
Hubraum (cm^3)	5320	Geschwindigkeit (km/h)	20
Leistung (PS)	55	Baujahr/Prod.-Zeitraum	April 1967 – September 1968
Drehzahl (U/min)	2500	Besonderheiten	540er- und 1000er-Zapfwelle, Allrad-Vorderachse von Kramer, ZF-Lenkung, Lastschalt-Wendegetriebe
Kühlung	Wasser	Stückzahlen	206

Der „12er-Lanz“ ist als erster Dieseltraktor anzusehen, der in großen Stückzahlen gebaut wurde. Die Heinrich Lanz AG in Mannheim stellte ihn 1921 der Welt vor. Sein Konstrukteur Huber nannte den Bulldog HL „Selbstfahrender Rohölmotor 12-PS-Bulldog“. Huber prägte folgende Aussage: „Ein Bulldog kann nicht einzylindrig genug sein“. Lanz schätzte vor allem die konstruktive Einfachheit des Zweitakt-Dieselmotors (z.B. keine Ventile, kein Ventilantrieb) und machte daraus eine Firmenphilosophie. Die Form des Zylinderkopfes erinnert entfernt an das Gesicht einer Bulldogge, daher rührt der Name, der später die Bezeichnung für Traktoren schlechthin wurde.

Der 12er-Lanz war zu seiner Zeit eher eine fahrbare Antriebsquelle für Maschinen als ein Traktor im heutigen Sinne.

Technische Daten Lanz-Bulldog HL

Motor	Zweitakt-Diesel	Gewicht (kg)	1870
Zylinder	1 liegend	Getriebe/Gänge (V/R)	1
Bohrung × Hub	190 × 220	Länge × Breite (mm)	2250 × 1370
Hubraum (cm^3)	6234	Geschwindigkeit (km/h)	ca. 4,2
Leistung (PS)	12 PS	Baujahr/Prod.-Zeitraum	1921–1927
Drehzahl (U/min)	420	Besonderheiten	Zur Rückwärtsfahrt ließ man den Motor nach Umsteuern „rückwärts“ laufen, Backenkupplung
Kühlung	Wasser (Verdampfung)	Stückzahlen	ca. 6100

Mit 15 PS, Allradantrieb und Knicklenkung war der Ackerbulldog HP 15 technisch seiner Zeit weit voraus. Er war auch mit dem liegenden Bulldog-Motor ausgerüstet, der wegen seiner geringen Verdichtung von 7 : 1 mit einer Heizlampe vorgeheizt werden muß, ehe er von Hand durch Drehen am Schwungrad gestartet werden kann. Ansonsten reicht die Kompressionswärme nicht aus, die Luft so zu erhitzen, daß sich der eingespritzte Kraftstoff entzündet.
Bei zu geringer Belastung kühlt der Motor wieder ab, so daß er bei Bergabfahrten stehen bleiben kann.

Der Knicklenker war für den Weinbau, besonders für Südfrankreich und für Arbeiten im Moor konstruiert worden. Er konnte sich am Markt nicht richtig behaupten, der Bau wurde bald wieder eingestellt.
Auch der Ackerbulldog HP wurde noch ohne Getriebe konstruiert, Rückwärtsfahrt war nur nach Umsteuern des Motors möglich.

Technische Daten Lanz-Ackerbulldog HP

Motor	Zweitakt-Diesel	Gewicht (kg)	1500
Zylinder	1 liegend	Getriebe/Gänge (V/R)	1
Bohrung × Hub	190 × 220	Länge × Breite (mm)	2550 × 1350
Hubraum (cm^3)	6234	Geschwindigkeit (km/h)	ca. 4,3
Leistung (PS)	12/15 PS	Baujahr/Prod.-Zeitraum	1923–1926
Drehzahl (U/min)	420/500	Besonderheiten	Vorderräder größer als Hinterräder, Ø Vorderrad 1050 mm, Hinterrad 850 mm, Backenkupplung
Kühlung	Wasser (Verdampfung/Umlauf)	Stückzahlen	723

Im Verdampfer-Großbulldog HR2 fand der erste Motortyp von Lanz mit 10,3 l Hubraum Verwendung. Der ebenfalls von Fritz Huber entwickelte Motor wies dieselben Eigenschaften auf: Zweitakt-Diesel als Glühkopfmotor, mit der Heizlampe vorzuheizen. Bei den Treibstoffen war der Bulldogmotor nicht wählerisch: Dieselöl, Teeröl, Paraffin, Rohöl, alles mögliche verdaute er anstandslos, es mußte sich nur in der Einspritzdüse zerstäuben lassen können.

Zum ersten Mal in der Entwicklungsgeschichte der Bulldogs fand hier ein Stufengetriebe Verwendung, dessen vier Vorwärtsgänge mit zwei Schalthebeln bedient wurden. Die Lanz-Halbraupe (Hersteller: IWK in Lübeck) wurde für den Einsatz in schwerem Gelände konzipiert. Der 22/28 PS starke Verdampfer-Bulldog ist damit eine „kolossale" Erscheinung.

Technische Daten Lanz-Großbulldog HR 2

Motor	Zweitakt-Diesel	Gewicht (kg)	ca. 3300
Zylinder	1 liegend	Getriebe/Gänge (V/R)	4 vorwärts (Eigenbau)
Bohrung × Hub	225 × 260	Länge × Breite (mm)	3200 × 1900
Hubraum (cm^3)	10 336	Geschwindigkeit (km/h)	2,8/4,2/5,7/8,5
Leistung (PS)	22/28	Baujahr/Prod.-Zeitraum	1925–1929
Drehzahl (U/min)	420/500	Besonderheiten	kein Kühler, reine Verdampfungskühlung, Halbraupe, Rückwärtsfahrt immer noch durch Umsteuern, Backenkupplung
Kühlung	Wasser/Verdampfung	Stückzahlen	1925–1929: 7230

Lanz bot schon in den 20er Jahren eine umfangreiche Typenpalette an. Während die Halbraupe eine Sonderkonstruktion für Einsätze im Moor oder anderem schwierigem Gelände war, handelt es sich beim Verkehrsbulldog mit Verdampferkühlung und Klappgreifern um eine in ziemlich großer Stückzahl gebaute Maschine. Spediteure, aber auch Lohnunternehmer, die ihren Dreschsatz von Hof zu Hof zogen, waren bevorzugte Kunden für diesen Bulldog. Die Vollgummibereifung konnte für Geländefahrten mit herausziehbaren Klappgreifern versehen werden, um die „Traktion" zu verstärken.

Das aus dem Wasserbehälter (ca. 180 l) verdampfende Kühlwasser mußte laufend ersetzt werden.

Technische Daten Lanz-Großbulldog HR 2

Motor	Zweitakt-Diesel Glühkopf	Gewicht (kg)	ca. 3000 kg
Zylinder	1 liegend	Getriebe/Gänge (V/R)	4 (Eigenbau)
Bohrung × Hub	225 × 260	Länge × Breite (mm)	3200 × 1900
Hubraum (cm^3)	10 336	Geschwindigkeit (km/h)	4,3/6,5/8,9/13,2
Leistung (PS)	22/28	Baujahr/Prod.-Zeitraum	1925–1929
Drehzahl (U/min)	420/500	Besonderheiten	kein Kühler, reine Verdampfungskühlung, Rückwärtsfahrt immer noch durch Umsteuern, Backenkupplung
Kühlung	Wasser/Verdampfung	Stückzahlen	1925–1929: 7230

Die Weiterentwicklung des Verdampferbulldogs war der Kühlerbulldog. Hier fand schon die aus dem Automobilbau bekannte Thermosyphonkühlung mit Wabenkühler und Ventilator Verwendung. Damit entfiel auch das Nachfüllen von verdampfendem Kühlwasser. Das Getriebe war nun mit einem Rückwärtsgang ausgerüstet. Der Bulldog-Motor blieb unverändert: je nach Drehzahl gab die 10,3-l-Maschine später bis zu 55 PS ab, beim Kühlerbulldog wurden 15 PS Dauerleistung und 30 PS Spitzenleistung angegeben.
Hier ist ein schöner Kühlerbulldog 15/30 PS abgebildet, in der Ursprungs-Ackerausführung mit Metall-Greiferrädern. (12)

Technische Daten Lanz-Kühlerbulldog HR 5

Motor	Zweitakt-Diesel Glühkopf	Gewicht (kg)	ca. 2650
Zylinder	1 liegend,	Getriebe/Gänge (V/R)	3/1 Eigenbau)
Bohrung × Hub	225 × 260	Länge × Breite (mm)	3200 × 1950
Hubraum (cm^3)	10 336	Geschwindigkeit (km/h)	3,1/4,2/5,6–3,4
Leistung (PS)	30	Baujahr/Prod.-Zeitraum	1929–1935
Drehzahl (U/min)	540	Besonderheiten	Umlaufkühlung mit Kühler, erstmals Rückwärtsgang, Backenkupplung
Kühlung	Wasser	Stückzahlen:	1929–1935: 11 500

Auch ein ganz einfacher Ackerluft-Bulldog hat seinen Reiz. Selbst ohne Kotflügel hinten wirkt er elegant. Die Leistung des 10,3-l-Motors wird hier mit 30 PS angegeben. Es handelt sich um eine Maschine mit dem Sechsgang-Getriebe (drei plus Rückwärtsgang in langsamer und schneller Gruppe), die 1993 gebaut wurde und nach Frankreich exportiert wurde. Es existieren keine Dokumente, die den Lebenslauf belegen könnten. Der Bulldog kam erst in jüngster Zeit wieder nach Deutschland in die Hand eines Sammlers.

Technische Daten Lanz-Bulldog HR 7 D 8506

Motor	Zweitakt-Diesel Glühkopf	Gewicht (kg)	3380
Zylinder	1 liegend	Getriebe/Gänge (V/R)	6/2 (Eigenbau)
Bohrung × Hub	225 × 260	Länge × Breite (mm)	3200 × 1950
Hubraum (cm^3)	10 336	Geschwindigkeit (km/h)	18
Leistung (PS)	30	Baujahr/Prod.-Zeitraum	1933 vermutlich
Drehzahl (U/min)	540	Besonderheiten	Herkunft nicht nachvollziehbar
Kühlung	Wasser	Stückzahlen	–

Lanz setzte konsequent auf eine einzige Motorenkonstruktion: den einzylindrigen Zweitakt-Dieselmotor. Der Zündsack im Zylinderkopf wurde immer noch mit der Heizlampe vorgeglüht, sonst entzündet sich der eingespritzte Kraftstoff im kalten Motor nicht.
Als Zugeständnis an andere, moderne Motoren konnte eine Benzin-Anlaßvorrichtung mit elektrischer Summerzündung geliefert werden.
Der HR 8 war als D 1506 für 8290.– Reichsmark zu haben.
Der hier abgebildete Bulldog in Verkehrsausführung mit Kotflügeln und fester Windschutzscheibe hat einen Lanz-Anhänge-Mähdrescher im Schlepp.

Technische Daten Lanz-Bulldog HR 8

Motor	Zweitakt-Diesel Glühkopf	Gewicht (kg)	ca. 4000
Zylinder	1 liegend	Getriebe/Gänge (V/R)	6/2 (Eigenbau)
Bohrung × Hub	225 × 260	Länge × Breite (mm)	3380 × 1820
Hubraum (cm^3)	10 336	Geschwindigkeit (km/h)	25
Leistung (PS)	55	Baujahr/Prod.-Zeitraum	1938–1944
Drehzahl (U/min)	750	Besonderheiten	Verkehrsausführung, Druckluftanlage, Lkw-Anhängemaul
Kühlung	Wasser	Stückzahlen	1940: 615 insgesamt HR 8: 9151

Für bestimmte Arbeiten in schwierigem Gelände kann es unumgänglich sein, einen Kettenschlepper zu verwenden. Halbkettenanbauten an Bulldogs beweisen, daß sich Lanz dieser Herausforderung schon früh stellte. Die Entwicklung des Raupen-Bulldogs begann 1932, die Serienfertigung konnte 1935 anlaufen. Es versteht sich von selbst, daß der Glühkopfmotor zum Einsatz kam und zwar die 10,3-l-Maschine mit 55 PS.

Auch das 6/2-Gang-Getriebe wurde beibehalten, allerdings mit niedrigerer Endgeschwindigkeit.

Die Lenkung war kombiniert als Lenkkupplungsbremse aufgebaut: mit den beiden Lenkhebeln wurde der jeweilige Antrieb rechts oder links ausgekuppelt. So wurde eine Kurvenfahrt eingeleitet. Zusätzlich konnten mit Fußpedalen die Raupenbänder auch noch bis zum Stillstand abgebremst werden, um besonders enge Kurven zu fahren bzw. auf der Stelle wenden zu können.

Das Lenkrad mußte kurioserweise auch weiterhin mitgeliefert werden; es diente ja wie üblich zum Anwerfen des Motors!

Technische Daten Lanz-Bulldog-Raupe HRK D 1561

Motor	Zweitakt-Diesel Glühkopf	Gewicht (kg)	ca. 5280
Zylinder	1 liegend	Getriebe/Gänge (V/R)	6/2 (Eigenbau)
Bohrung × Hub	225 × 260	Länge × Breite (mm)	3070 × 1960
Hubraum (cm^3)	10 336	Geschwindigkeit (km/h)	7
Leistung (PS)	55	Baujahr/Prod.-Zeitraum	1935–1946
Drehzahl (U/min)	750	Besonderheiten	Zapfwelle
Kühlung	Wasser	Stückzahlen	insgesamt: 3979

Der Star unter den 55-PS-Bulldogs war der Eilbulldog – unter den Sammlern ist er es heute noch. Einsatzgebiet war weniger die Landwirtschaft, als vielmehr das Speditionsgewerbe (im Nahverkehrsbereich). Mit zwei Anhängern konnte entsprechend viel Nutzlast befördert werde. Ein Druckluftanschluß war für den Anhängerbetrieb selbstverständlich. Es konnten sogar eine elektrische Zündeinrichtung, Benzinanlaßvorrichtung und ein elektrischer Anlasser als Zusatzausstattung geliefert werden. Und das für ca. 9500.–RM!

Wer einmal mit einem Eilbulldog mitgefahren ist, weiß, was die Chauffeure damals leisteten und auch erduldeten, denn der Fahrkomfort war gering und eine Lenkhilfe gab es natürlich noch nicht!

Der Treibstofftank hinter der Rückbank faßt 200 Liter Dieseltreibstoff.

Technische Daten Lanz-Eilbulldog HR 9 D 2531

Motor	Zweitakt-Diesel Glühkopf	Gewicht (kg)	4400
Zylinder	1 liegend	Getriebe/Gänge (V/R)	5/1
Bohrung × Hub	225 × 260	Länge × Breite (mm)	3875 × 2160
Hubraum (cm^3)	10336	Geschwindigkeit (km/h)	32
Leistung (PS)	55	Baujahr/Prod.-Zeitraum	1940 / 1937–1944
Drehzahl (U/min)	750	Besonderheiten	5-Gang-Getriebe, keine Seilwinde, Elektrostarter, Scheibenkupplung
Kühlung	Wasser	Stückzahlen	2360 (mit offenem und geschlossenem Fahrerhaus)

Fritz Huber hatte nicht nur den 7,3-l-Glühkopfmotor für den 12er-Lanz und den mit 10,3 l Hubraum für die Verdampfer- und Kühlerbulldogs entwickelt. Um Bulldogs auch an kleinere landwirtschaftliche Betriebe verkaufen zu können, hatte er schon 1928/29 entsprechende Versuche mit kleineren Motoren durchführen lassen. So entstand der kleine Kühlerbulldog mit 4,7 l Hubraum. Der Glühkopf-Motor – diesem Prinzip war Huber natürlich treu geblieben – leistete anfangs 20, später 25 PS, je nach Drehzahl.
Auch vom kleinen Bulldog gab es viele Varianten: eisenbereift, gummibereift, mit Drei- oder Sechsgang-Getriebe, Acker- oder Ackerluftausführung sowie Verkehrs- und Eilbulldogs, letztere nur mit offenem Fahrerhaus.

Technische Daten Lanz-Bulldog HN 3

Motor	Zweitakt-Diesel Glühkopf	Gewicht (kg)	ca. 2100
Zylinder	1 liegend	Getriebe/Gänge (V/R)	6/2
Bohrung × Hub	170 × 210	Länge × Breite (mm)	2390 × 1670
Hubraum (cm^3)	4764	Geschwindigkeit (km/h)	19
Leistung (PS)	20	Baujahr/Prod.-Zeitraum	1938 / 1935–1942
Drehzahl (U/min)	760	Besonderheiten	am häufigsten verbreitete Ausführung
Kühlung	Wasser	Stückzahlen	–

Als während des Zweiten Weltkriegs Benzin und Diesel Mangelware wurden und heimische Brennstoffe als Ausweichlösung favorisiert wurden, kam die Stunde der Holzvergaser. Lanz hatte als „Reingas-Bulldog", also mit einem Motor, der nur mit Holzgas auskam, den HNO entwickelt. Das schwelende Holz setzte dabei folgende Gase frei: 23% CO, 18% H_2, 2% CH_4, 10% CO_2, 47% N_2. Mit der Gasmischung wurde der Motor betrieben.
Hier ist ein Bulldog für den Reingasbetrieb abgebildet: er wird mit Benzin und Zündkerze angelassen. 100 kg Holz entsprechen dem Brennwert von 30 kg Diesel. Das Mitführen und Bevorraten von Holz war daher ein größeres Problem.
Insgesamt ist der Holzgasbetrieb aber eine langwierige Prozedur mit Anzünden des Holzes, Anfachen der Gasproduktion bis hin zum Rütteln der Füllung und Reinigen der Anlage.

Technische Daten Lanz HNO D 7006

Motor	Zweitakt-Motor für Holzgas (Reingas)	Gewicht (kg)	ca. 2800
Zylinder	1 liegend	Getriebe/Gänge (V/R)	6/2 Eigenbau)
Bohrung × Hub	210 × 210	Länge × Breite (mm)	2930 (ohne Holzvergaser) × 1770
Hubraum (cm^3)	7300	Geschwindigkeit (km/h)	18
Leistung (PS)	25	Baujahr/Prod.-Zeitraum	1942
Drehzahl (U/min)	–	Besonderheiten	Imbert-Holzvergaser (wiegt ca. 500 kg), Mähwerk
Kühlung	Wasser	Stückzahlen	–

Eine konstruktiv andere Lösung war der Zweistoff-Bulldog. Der Lanz-Bulldog D 8506 Zweistoff basierte auf der 10,3-l-Maschine und benötigte neben dem Holzgas, das über die Gasschleuse angesaugt wurde, stets eine kleine Dieselmenge zur Zündung (aber keine zusätzlichen Zündeinrichtungen). Der Start verlief wie bei allen Bulldogs: Vorheizen mit Heizlampe, Anwerfen oder sogar Starten mit Benzin und Summerzündung. Danach konnte erst auf Holzgas umgestellt werden. Wichtigstes Teil im Motor ist die Gasschleuse, die das Holzgas aus dem Kurbelgehäuse in den Zylinderkopf führt. Den strengen Verfechtern der Holzgasideologie war die kleine Dieselmenge, die beim Zweistoff-Verfahren benötigt wurde, zuviel. Die Machthaber im Dritten Reich favorisierten den reinen Holzgasmotor.

Technische Daten Lanz D 8506 Zweistoff HRG 7

Motor	Zweitakt-Motor für Holzgas	Gewicht (kg)	ca. 2800
Zylinder	1 liegend	Getriebe/Gänge (V/R)	6/2 (Eigenbau)
Bohrung × Hub	225 × 260	Länge × Breite (mm)	3380 (ohne Holzvergaser) × 1820
Hubraum (cm^3)	10336	Geschwindigkeit (km/h)	18
Leistung (PS)	32	Baujahr/Prod.-Zeitraum	1943
Drehzahl (U/min)	540	Besonderheiten	Einer der wenigen mit Holzgas funktionierenden Bulldogs
Kühlung	Wasser	Stückzahlen	–

Auf die Glühkopf-Bulldogs folgten die Halbdiesel. Die Ära der großvolumigen, langsam laufenden Zweitakt-Diesel war 1954 endgültig vorbei. Schon 1952 wurden die sogenannten Mitteldruckmotoren vorgestellt. Eine andere Form des Zylinderkopfes, eine Sechsloch-Einspritzdüse und eine optimierte Gas-Überströmung ermöglichten eine höhere Leistung bei kleinerem Hubraum, verbunden natürlich mit höheren Drehzahlen.

Die Typen 1706 und 2206 hatten 2,26 l Hubraum, der 2806 3,7 Liter. Er bekam 1955 noch 32 und 36 PS starke Brüder. Die höhere Leistung wurde durch Erhöhung der Drehzahl und der Einspritzmenge erzielt.

Technische Daten Lanz D 2806

Motor	Zweitakt-Dieselmotor Mitteldruck	Gewicht (kg)	ca. 2100
Zylinder	1 liegend	Getriebe/Gänge (V/R)	6/2 Eigenbau
Bohrung × Hub	150 × 210	Länge × Breite (mm)	3165 × 1645–1752
Hubraum (cm^3)	3720	Geschwindigkeit (km/h)	19
Leistung (PS)	28	Baujahr/Prod.-Zeitraum	1953 / 1952–1955
Drehzahl (U/min)	850	Besonderheiten	Zapfwelle, Hydraulik
Kühlung	Wasser	Stückzahlen	–

Die stärksten Lanz-Bulldogs waren die Typen 6006/6016/6007. Der Unterschied zwischen 6006 und 6016 lag lediglich in der Getriebeausstattung, der 6007 war eine Verkehrsausführung mit Schnellgängen und Druckluftanlage. Noch stärker war einzig der 6516, ein Halbdiesel, der unter Kennern als Spanien-Bulldog bezeichnet wird und heute eine echte Rarität darstellt. Es ist die leistungsgesteigerte Exportvariante des 6016.

Bei den Halbdiesel-Motoren ist die Verdichtung immer noch nicht hoch genug, damit der Motor (nach Vorglühen mit Glühkerzen z.B.) anläuft, er muß mit Benzin gestartet werden, ehe er mit reinem Dieselkraftstoff weiterläuft.

Technische Daten Lanz D 6006

Motor	Zweitakt-Diesel Mitteldruckmotor	Gewicht (kg)	ca. 3920
Zylinder	1 liegend	Getriebe/Gänge (V/R)	6/2 (Eigenbau)
Bohrung × Hub	190 × 260	Länge × Breite (mm)	3720 × 2005
Hubraum (cm^3)	7350	Geschwindigkeit (km/h)	19,65
Leistung (PS)	60	Baujahr/Prod.-Zeitraum	1955–1962
Drehzahl (U/min)	800	Besonderheiten	Zweischeibenkupplung, gefederte Vorderachse
Kühlung	Wasser	Stückzahlen	–

Im Jahr 1955 wurden die Volldiesel-Bulldogs vorgestellt. Der Halbdiesel mit umständlichem Anlaßvorgang (Benzinstart) war endgültig überholt. Die Konkurrenz zeigte längst, was moderne Motorentechnik leisten konnte.
Beim Volldiesel genügte jetzt eine normale Vorglühanlage zum Starten. Am Einzylinder-Motor und am Zweitakt-Verfahren hielt Lanz dagegen unerschütterlich fest – nicht ohne Folgen, wie sich später zeigen sollte. Die Verdichtung lag mit 12:1 dennoch unter dem Wert anderer Dieselmotoren. Einer Werbeaussage zufolge war Kraftstoffverbrauch geringer als der eines vergleichbaren Schiffsdieselmotors!
Die Typenreihe umfaßte Volldiesel-Bulldogs mit Leistungen von 16, 20, 24, 28 und 40 PS. Dieser Bulldog D 2816 ist mit einem Baas-Frontlader ausgestattet und damit auch ziemlich selten.

Technische Daten Lanz D 2816

Motor	Zweitakt-Diesel (Volldiesel)	Gewicht (kg)	ca. 2500
Zylinder	1	Getriebe/Gänge (V/R)	6/2
Bohrung × Hub	140 × 170	Länge × Breite (mm)	2800 × 1667
Hubraum (cm³)	2616	Geschwindigkeit (km/h)	20
Leistung (PS)	28	Baujahr/Prod.-Zeitraum	1955–1960
Drehzahl (U/min)	1100	Besonderheiten	Frontlader
Kühlung	Wasser	Stückzahlen	knapp 2000

Auch Lanz mußte natürlich zur Abrundung des Programms einen Schmalspurschlepper im Programm haben, wollte die Firma nicht der Konkurrenz freiwillig Marktanteile überlassen.
Der Weinbergschlepper 2402 wurde hierfür entwickelt und kostete etwas über 8300.– DM. Er war wie der Name sagt, für den Weinbau, aber auch für andere Sonderkulturen gedacht. Lanz konnte ihn erfolgreich in großen Stückzahlen nach Frankreich exportieren. Für Feldarbeiten in der Landwirtschaft konnten die Felgen umgedreht werden, so daß eine Spurweite von 1,30 bis 1,40 m entstand.
Hydraulik und Zapfwelle waren vorhanden. Die Bulldogs wurden mit dem Volldiesel-Motor ausgestattet. Die ersten Maschinen waren blau, die letzten (in der John-Deere-Ära) schon gelb-grün lackiert, wie der auf dem Bild gezeigte Typ D 2402.

Technische Daten Lanz Schmalspur D 2402

Motor	Zweitakt-Diesel (Volldiesel)	Gewicht (kg)	1425
Zylinder	1 liegend	Getriebe/Gänge (V/R)	6/2
Bohrung × Hub	140 × 170	Länge × Breite (mm)	2800 × 1000
Hubraum (cm^3)	2616	Geschwindigkeit (km/h)	20
Leistung (PS)	24	Baujahr/Prod.-Zeitraum	1956–1959
Drehzahl (U/min)	1050	Besonderheiten	gelb-grüne Lackierung
Kühlung	Wasser	Stückzahlen	–

Stärkster Volldiesel-Bulldog war der 40 PS starke D 4016. Er füllte die Lücke zwischen dem 28-PS-Volldiesel und den Halbdieseln mit 50 bzw. 60 PS. Die moderne Dreipunkt-Hydraulik in Verbindung mit dem fortschrittlichen Volldieselmotor machte ihn zum leistungsstarken Universalschlepper. Zwei Glühkerzen erleichterten das Anlassen. Die kupplungsunabhängige Zapfwelle konnte starr oder als Überholzapfwelle (mit Freilauffunktion) geschaltet werden. Der Anlasser funktionierte nach dem „Pendel-Prinzip“: er drehte den Motor nicht vollständig durch (über den oberen Totpunkt hinweg), sondern brachte ihn nur bis zum Einspritz-Zeitpunkt, wo sich dann der Kraftstoff entzündete.

Technische Daten Lanz D 4016

Motor	Zweitakt-Diesel (Volldiesel)	Gewicht (kg)	ca. 2500
Zylinder	1	Getriebe/Gänge (V/R)	6/2 + Kriechgänge
Bohrung × Hub	160 × 210	Länge × Breite (mm)	3380 × 1805
Hubraum (cm^3)	4220	Geschwindigkeit (km/h)	18
Leistung (PS)	40	Baujahr/Prod.-Zeitraum	1957–1959
Drehzahl (U/min)	1000	Besonderheiten	Hydraulik (zum Heben und Drücken)
Kühlung	Wasser	Stückzahlen	knapp 2000

Der Absatz an Bulldogs ließ nach. Auch die Heinrich Lanz AG hatte mit einer gewissen Marktsättigung zu kämpfen. Das Festhalten am Bulldog-Motor und der Mißerfolg des Alldog-Geräteträgers, insbesondere seines Antriebsaggregates, schadeten dem Unternehmen. 1959 übernahm die amerikanische Landmaschinenfirma John Deere die Aktienmehrheit. Die erste bedeutende Entwicklung nach der Übernahme war die Typenreihe 300 bzw. 500. Es war an der Zeit, sich von den Einzylinder-Zweitakt-Dieselmotoren zu lösen. Wichtigste Veränderung in der Firmenphilosophie war der Wechsel zu mehrzylindrigen, kurzhubigen Viertakt-Dieselmotoren moderner Bauart, die den alten Bulldog-Motor ablösten. Mit John Deere wurde auch die gelb/grüne Lackierung eingeführt (wobei einige Bulldogs auch noch diese Lackierung erhielten). Der neue Name lautete zunächst noch John Deere-Lanz.

Der hier gezeigte Typ 510 ist in erster Hand heute noch im Einsatz.

Technische Daten John Deere 510

Motor	Viertakt-Diesel	Gewicht (kg)	ca. 2400
Zylinder	3	Getriebe/Gänge (V/R)	10/3 (3 Vorwärtsgruppen)
Bohrung × Hub	98 × 110	Länge × Breite (mm)	3325 × 1525
Hubraum (cm^3)	2490	Geschwindigkeit (km/h)	20
Leistung (PS)	40	Baujahr/Prod.-Zeitraum	1966
Drehzahl (U/min)	2400	Besonderheiten	Hydraulik, 540er- und 1000er-Zapfwelle
Kühlung	Wasser	Stückzahlen	–

Mitte der 70er Jahre kam die 30er-Serie auf den Markt. Der Name Lanz war längst aus der Firmendarstellung erloschen. Die am amerikanischen Styling orientierten Mittelklasse-Schlepper konnten ab 62 PS auch mit Allradantrieb ausgerüstet werden. Die Getriebe wurden überarbeitet, die Synchronisation erstmals serienmäßig eingesetzt und die Motoren bekamen Vierloch-Einspritzdüsen. Auf Wunsch konnten Lastschaltstufen eingebaut werden.
Die Fahrerkabinen erfuhren natürlich ebenfalls eine Modernisierung.

Der abgebildete John Deere hat auch schon 20 Jahre auf dem Buckel. Auf die Frage nach außergewöhnlichen Reparaturen fiel dem Besitzer nur ein durchgerosteter und wieder geschweißter Auspuff ein.
John Deere wollte den europäischen Markt mit einer umfangreichen Modellpalette bis hin zu über 100 PS starken Traktoren beherrschen.

Technische Daten John Deere 1630

Motor	Viertakt-Diesel	Gewicht (kg)	2937
Zylinder	4	Getriebe/Gänge (V/R)	8/4 (Eigenbau)
Bohrung × Hub	106,5 × 110	Länge × Breite (mm)	3750 × 1660
Hubraum (cm^3)	3920	Geschwindigkeit (km/h)	25
Leistung (PS)	62	Baujahr/Prod.-Zeitraum	1978
Drehzahl (U/min)	2500	Besonderheiten	FSC-Kabine (Fahrer-Sicherheits-Cab)
Kühlung	Wasser	Stückzahlen	–

Ab 1978 bot John Deere den Typ 3640 an. Das mittlerweile sehr erfolgreiche Unternehmen war endgültig etablierter Anbieter auch stärkster Traktoren geworden und konnte mit erfolgreichen Entwicklungs- und Konstruktionsabteilungen innerhalb kurzer Zeit modernisierte Typenreihen zur Serienreife bringen.
Der abgebildete Schlepper hier hat also auch schon zwanzig Dienstjahre auf dem Buckel, konnte aber noch nicht einem moderneren Nachfolger seinen Platz räumen.
In dieser Baureihe konnte der Käufer zwischen mechanischem und hydrostatischem Antrieb der Vorderachse wählen. Die neue SG-2-Kabine war geräumig, bot beste Sichtverhältnisse und einen niedrigen Geräuschpegel, außerdem waren alle Bedienungshebel rechts angeordnet.

Technische Daten John Deere 3640

Motor	Viertakt-Diesel	Gewicht (kg)	ca. 5155
Zylinder	6	Getriebe/Gänge (V/R)	16/8 mit zwei Lastschaltstufen
Bohrung × Hub	106,5 × 110	Länge × Breite (mm)	4790 × 2270
Hubraum (cm^3)	5883	Geschwindigkeit (km/h)	30
Leistung (PS)	100 (73 kW)	Baujahr/Prod.-Zeitraum	1979 / 1973–1979
Drehzahl (U/min)	2500	Besonderheiten	Turbolader, Preis lag damals bei knapp 88000.– DM
Kühlung	Wasser	Stückzahlen	–

Die technische Entwicklung in der Landwirtschaft geht immer weiter. Moderne Traktoren müssen viel bieten. Nicht umsonst orientiert sich der Preis bei knapp DM 1000.– pro PS, je nach Marke.
Mittlerweile liegt John Deere, die Firma produziert weiterhin in Mannheim, in der Zulassungsstatistik auf Rang 2 knapp hinter Fendt. Der Anteil an den in Deutschland zugelassenen Traktoren liegt bei 16,3%.
Der Typ 6400 hat ein voll synchronisiertes Wendegetriebe mit Reversierschaltung, die jetzt üblichen Regelungen für Hydraulik und Tiefenregelung mit EHR, und selbst Anschlüsse an Bordcomputer sind keine Seltenheit mehr.
Einige Firmen gehen wieder zur Rahmen- oder Halbrahmenbauweise über, nachdem jahrelang die selbsttragende Blockbauweise vorgeherrscht hatte.

Technische Daten John Deere 6400

Motor	Viertakt-Diesel Turbo	Gewicht (kg)	4100
Zylinder	4	Getriebe/Gänge (V/R)	16/16 Wendegetriebe
Bohrung × Hub	106,5 × 110	Länge × Breite (mm)	3940 × 1940
Hubraum (cm³)	4530	Geschwindigkeit (km/h)	40
Leistung (PS)	100	Baujahr/Prod.-Zeitraum	ab 1992 bis heute
Drehzahl (U/min)	2300	Besonderheiten	Rahmenbauweise
Kühlung	Wasser	Stückzahlen	–

Die Motorleistungen der Traktoren gehen immer weiter nach oben. Hydraulik und Zapfwelle müssen hohe Hub- und Antriebskräfte bereitstellen. Die Konzentration der landwirtschaftlichen Betriebe auf wenige Vollerwerbslandwirte erfordert eine schlagkräftige Ausrüstung. Gerätekombinationen aus Kreiselegge und Sämaschine am Heck, zusammen mit einem Bodenbearbeitungsgerät an der Fronthydraulik, verlangen kräftig dimensionierte Bauteile. Für die länger werdenden Anfahrtswege ist es oft notwendig, daß die Traktoren 40-, wenn nicht gar 50-km-Getriebe haben. Dafür dürfen Traktoren und Geräte wiederum weder zu groß noch zu schwer sein.
Die Getriebe selbst sind mit Lastschaltstufen und Reversiereinrichtungen ausgestattet. Lärmdämpfung und Klimatisierung sind fast Standard geworden. Schließlich verbringt der Landwirt einen großen Teil seiner Arbeitszeit im Traktor.

Technische Daten John Deere 7800

Motor	Viertakt-Diesel Turbo	Gewicht (kg)	6620
Zylinder	6	Getriebe/Gänge (V/R)	19/7 oder 20/20
Bohrung × Hub	106,5 × 127	Länge × Breite (mm)	4760 × 2440
Hubraum (cm^3)	8134	Geschwindigkeit (km/h)	40
Leistung (PS)	175	Baujahr/Prod.-Zeitraum	ab 1992 bis heute
Drehzahl (U/min)	2100	Besonderheiten	TechCenter-Kabine, Klimaanlage, Preis liegt bei über 150000.– DM
Kühlung	Wasser	Stückzahlen	–

Der allerneueste Trend im Traktorenbau ist der Raupenschlepper mit einem Fahrwerk, wie es bei diesem John Deere 8400 T zu sehen ist. Ein Gummiband wird über Vorder- und Hinterachse gelegt. Gelenkt wird durch Abbremsen der Raupenbänder. Die Vorteile liegen auf der Hand: bodenschonendes Befahren des Bodens mit hoher Traktion ohne die Nachteile der Gleisketten aus Metall.
Für große Flächen gehen die Hersteller von den an die Hydraulik angebauten Geräten immer mehr ab und bieten gezogene Maschinen mit größerer Arbeitsbreite an. Gegenüber einem konventionellen Allradschlepper hat die Raupe hier klare Vorteile, dennoch bietet John Deere einen Radtraktor in fast gleicher Konstruktion ebenfalls an. Bemerkenswert: schon 1984 gab es in der ehemaligen DDR solche Traktoren!

Technische Daten John Deere 8400 T

Motor	Viertakt-Diesel	Gewicht (kg)	ca. 8465
Zylinder	6	Getriebe/Gänge (V/R)	16/5 Eigenbau, Lastschaltstufen
Bohrung × Hub	106,5 × 127	Länge × Breite (mm)	5250 × 2440
Hubraum (cm^3)	8134	Geschwindigkeit (km/h)	30
Leistung (PS)	260 (191 kW)	Baujahr/Prod.-Zeitraum	1998 / ab 1994
Drehzahl (U/min)	2200	Besonderheiten	Lastschaltgetriebe, Turbolader mit Ladeluftkühlung, Preis liegt bei knapp 300000.– DM.
Kühlung	Wasser	Stückzahlen	–

HELA – Hermann Lanz in Aulendorf – wurde 1888 als Landmaschinenfabrik in Oberschwaben gegründet. 1929 wurde der erste selbstfahrende Grasmäher vorgestellt, ab 1937/38 fertigte man 22-PS-Traktoren mit Deutzmotor. In den HELA-Schleppern kamen in den Folgejahren zum Teil eigene Motoren zum Einbau, ansonsten MWM-Aggregate. Die Getriebe wurden selbst hergestellt. Leider mußte in den 70er Jahren die Schlepperproduktion aufgegeben werden. Mit Baumaschinen, die parallel schon seit den 60er Jahren im Programm waren, ging es noch einige Jahre weiter, bis (erfolglose) Übernahmen durch andere Unternehmen das endgültige Aus brachten. Es konnte sich aber noch eine kleine Firma abspalten und den ursprünglichen Firmennamen retten: heute werden weiterhin, in kleinem Umfang allerdings, Spezialmaschinen für das Baugewerbe hergestellt. (7)

Technische Daten HELA D 38

Motor	Viertakt-Diesel AD (HELA)	Gewicht (kg)	1870
Zylinder	3	Getriebe/Gänge (V/R)	6/1 + Kriechgang (Eigenbau)
Bohrung × Hub	105 × 125	Länge × Breite (mm)	3370 × 1570
Hubraum (cm^3)	3246	Geschwindigkeit (km/h)	20
Leistung (PS)	38	Baujahr/Prod.-Zeitraum	1961
Drehzahl (U/min)	1650	Besonderheiten	HELA-Motor
Kühlung	Wasser	Stückzahlen	ca. 20

Die Firma Hermann Lanz Aulendorf blieb ein regionaler Hersteller, trotz der insgesamt 35000 Traktoren, die die Aulendorfer Fabrik im Laufe der Zeit verlassen hatten. Mehr als die Hälfte der Produktion wurde immer in Baden-Württemberg verkauft. Dennoch war HELA mehr als eine kleine Traktorenschmiede: die Helamatic, zum Ingangsetzen beim Nebenhergehen oder die Rotocap-Ventildrehvorrichtung, jeweils eigene Entwicklungen, sind nur zwei technische „Leckerbissen" der HELA-Schlepper.
Letztendlich waren vor allem die eigene Motorenproduktion und die eigene Getriebeherstellung ein betriebswirtschaftliches Hemmnis für eine kostendeckende Produktion.
Der Konzentration auf wenige Traktorenhersteller hatte HELA wenig entgegenzusetzen. (7)

Technische Daten HELA D 540

Motor	Viertakt-Diesel AD (HELA)	Gewicht (kg)	2020
Zylinder	3	Getriebe/Gänge (V/R)	6/2 + Kriechgang
Bohrung × Hub	105 × 125	Länge × Breite (mm)	3500 × 1570
Hubraum (cm^3)	3246	Geschwindigkeit (km/h)	20
Leistung (PS)	40	Baujahr/Prod.-Zeitraum	1965
Drehzahl (U/min)	1750	Besonderheiten	HELA-Motor
Kühlung	Wasser	Stückzahlen	–

Auch von HELA soll der schwerste Schlepper abgebildet sein, der je dort gebaut wurde: der 260 A. Er ist mit Allradantrieb, Synchrongetriebe, Hydraulik mit hoher Hubkraft und zwei Zapfwellengeschwindigkeiten ausgerüstet.
Die hohen Entwicklungskosten konnten jedoch aufgrund zu geringer Absatzzahlen nicht erwirtschaftet werden, man wollte aber der zufriedenen Kundschaft auch einen Schlepper der Oberklasse anbieten. Es war übrigens der letzte HELA-Schlepper, der in Aulendorf entwickelt wurde.

Obwohl man Hoffnungen in ein nach oben abgerundetes Programm gesetzt hatte, verhinderte auch der D 260 den Niedergang der Firma nicht: zunächst wurde nur der Schlepperbau eingestellt. Die Varimot-Baggerlader, ein zweites Standbein von HELA, wurden noch weiterhin produziert. (7)

Technische Daten HELA D 260 A

Motor	Viertakt-Diesel MWM D 225–4	Gewicht (kg)	2720
Zylinder	4	Getriebe/Gänge (V/R)	16/8
Bohrung × Hub	95 × 120	Länge (mm)	3600
Hubraum (cm³)	3400	Geschwindigkeit (km/h)	30
Leistung (PS)	60	Baujahr/Prod.-Zeitraum	1973
Drehzahl (U/min)	2300	Besonderheiten	Doppelkupplung, Motor- und Wegezapfwelle, 540 und 1000 U/min
Kühlung	Wasser	Stückzahlen	20–25

Die Maschinenfabrik Augsburg-Nürnberg konstruierte und baute schon in den 20er Jahren Motorpflüge und Gespannschlepper.
Kurz vor dem Zweiten Weltkrieg wurde der erste Traktor, der AS250, mit einem eigenen Vierzylinder-Dieselmotor vorgestellt.
Die erste Nachkriegsentwicklung war der AS325, mit dem die „Ackerdiesel"-Baureihe eingeführt wurde. Der Allradantrieb war Standardausführung, die Vorderachse lieferte die Zahnradfabrik Friedrichshafen. Dieser AS325 wurde kurz nach dem Krieg ausgeliefert und weist heute einen fachgerecht entfernten Antrieb der Allrad-Vorderachse auf. Leider konnte nicht geklärt werden, warum, vermutlich war es eine nachkriegsbedingte Notlösung ab Werk.

Technische Daten MAN AS 325

Motor	Viertakt-Diesel D8814GS Direkteinspritzer	Gewicht (kg)	2150
Zylinder	4	Getriebe/Gänge (V/R)	5/1 (ZF A 15)
Bohrung × Hub	88 × 110	Länge × Breite (mm)	2940 × 1535–1717
Hubraum (cm^3)	2675	Geschwindigkeit (km/h)	20
Leistung (PS)	25	Baujahr/Prod.-Zeitraum	1946
Drehzahl (U/min)	1500	Besonderheiten	mögliche Zusatzausstattung: Zapfwelle, Riemenscheibe, Seitenmähwerk, gefederte Vorderachse
Kühlung	Wasser	Stückzahlen	–

Hervorstechendes Konstruktionsmerkmal der MAN-Motoren war das M-Verfahren. Flachsitzdüsen und besonders ausgeformte Verbrennungsräume sorgten für einen niedrigen Kraftstoffverbrauch und ein gutes Startverhalten. Dies wurde natürlich auch in den Werbedruckschriften entsprechend hervorgehoben. Dies und auswechselbare Zylinderlaufbüchsen sowie eine fünffach gelagerte Kurbelwelle verhalfen den MAN-Motoren zu einem äußerst guten Ruf.
Vier Zylinder waren auch bei den mittleren Leistungsklassen bei MAN schon üblich, als das Gros der anderen Hersteller bei 30-PS-Schleppern noch Zweizylindermodelle anbot.

Technische Daten MAN A 32

Motor	Viertakt-Diesel Direkteinspritzer MAN D 9624 M 110	Gewicht (kg)	2060
Zylinder	4	Getriebe/Gänge (V/R)	6/1 (ZF A 15)
Bohrung × Hub	92 × 110	Länge × Breite (mm)	3135 × 1680
Hubraum (cm^3)	2925	Geschwindigkeit (km/h)	20
Leistung (PS)	32	Baujahr/Prod.-Zeitraum	1957
Drehzahl (U/min)	1500	Besonderheiten	M-Verfahren, 20 t Anhängelast, Drei- oder Vierpunktaufhängung
Kühlung	Wasser	Stückzahlen	–

Ein Vertreter der Oberklasse ist der Allradschlepper 4S2. MAN pries seine Vorzüge folgendermaßen an: „Der schwere Traktor mit Vierradantrieb vereint die Vorteile der Raupe mit denen des gummibereiften Radschleppers." Kenner sehen in ihm den Höhepunkt der Traktorenentwicklung bei MAN. Überraschend viele der MAN-Allradler sind heute noch erhalten – trotz der geringen Stückzahlen. Ein Beweis für die robuste Konstruktion?

Oft sieht man die MAN-Traktoren mit Seilwinden (Schlang und Reichart oder Rotzler) und Forstausrüstung. Sie haben sich im Wald beim Holzbergen und -rücken anscheinend gut bewährt. Dies wurde sehr gerne in den Werbeaufnahmen zum Ausdruck gebracht. (11)

Technische Daten MAN 4 S 2

Motor	Viertakt-Diesel Direkteinspritzer D0024M221	Gewicht (kg)	3160
Zylinder	4	Getriebe/Gänge (V/R)	7/1 + 3 Kriechgänge (ZP A20/18 II)
Bohrung × Hub	96 × 120	Länge × Breite (mm)	3625 × 1970
Hubraum (cm³)	3473	Geschwindigkeit (km/h)	20 oder 30
Leistung (PS)	50	Baujahr/Prod.-Zeitraum	1957
Drehzahl (U/min)	1900	Besonderheiten	Bereifung vorne 8.00–20, 35t Anhängelast
Kühlung	Wasser	Stückzahlen	–

Die doch eher bescheidenen Zulassungszahlen waren mit ein Grund, weswegen MAN Anfang der 60er Jahre stark rationalisieren mußte und ein Baukastensystem für Motoren mit zwei, drei und vier Zylindern einführte. Die Getriebe kamen von der Zahnradfabrik Friedrichshafen oder Passau.

Bedingt durch ihre große Leistungsfähigkeit und auch ihren Preis, waren die MAN-Traktoren ebenso für Einsätze außerhalb der Landwirtschaft geeignet, konnten sich dort aber am Markt nie festsetzen.

Ab 1963 wurden dann die MAN-Allradschlepper bei der Porsche-Dieselmotoren GmbH in Friedrichshafen gebaut. Zuvor waren die Produktionsstätten in Nürnberg und München angesiedelt gewesen. Nach insgesamt ca. 40000 Traktoren wurde 1964 die Produktion, die nie 5% der Zulassungszahlen überschreiten konnte, eingestellt. (11)

Technische Daten MAN 4 R 3

Motor	Viertakt-Diesel Direkteinspritzer 8614 M 3	Gewicht (kg)	2500
Zylinder	4	Getriebe/Gänge (V/R)	8/4 ZF A 216
Bohrung × Hub	86 × 120	Länge × Breite (mm)	3320 × 1870
Hubraum (cm^3)	2560	Geschwindigkeit (km/h)	19 oder 27
Leistung (PS)	45	Baujahr/Prod.-Zeitraum	1959
Drehzahl (U/min)	2200	Besonderheiten	Halbrahmenbauweise; mögliche Zusatzausrüstung: Frontlader Druckluftanlage, Heckseilwinde, zwei Steuerventile für hydraulische Antriebe, Planierschild
Kühlung	Wasser	Stückzahlen	–

Die Maschinenfabrik Orenstein und Koppel wurde 1876 in Berlin gegründet. Sie lieferte Lokomotiven, Bagger, Transport- und Bergwerkseinrichtungen. 1923/24 ging O & K zum Bau von eigenen Dieselmotoren über, 1928 wurden schon Traktoren in das Produktionsprogramm aufgenommen. Die Produktionsstätten lagen in Nordhausen im Harz. Im Dritten Reich mußten die Eigentümer im Zuge der Arisierung den Firmennamen in „MBA Maschinenbau und Bahnbedarf AG vorm. Orenstein und Koppel" ändern.
Nach dem Krieg wurden dort durch den VEB IFA Traktorenwerke Nordhausen „Aktivist"-Traktoren gebaut, die auf eine O & K-Konstruktion zurückgingen.
In Düsseldorf wurde ebenfalls wieder ein O & K-Werk gegründet, das bis 1954 Traktoren herstellte. Heute ist O & K bedeutender Lieferant von Baggern und Radladern.
Der abgebildete SA 751 ist ein gewaltiger Traktor, noch imposanter mit dem Halbkettenfahrwerk.
Der Zweizylinder-Motor wird mit Lunte und Kurbel von Hand angeworfen. (6)

Technische Daten O & K/MBA SA 751 Halbraupe

Motor	Viertakt-Diesel O & K Vorkammer	Gewicht (kg)	ca. 3000
Zylinder	2	Getriebe/Gänge (V/R)	4/1 (Eigenbau)
Bohrung × Hub	115 × 170	Länge × Breite (mm)	3200 × 1850
Hubraum (cm³)	3532	Geschwindigkeit (km/h)	ca. 15
Leistung (PS)	28/30	Baujahr/Prod.-Zeitraum	ab 1939
Drehzahl (U/min)	1250	Besonderheiten	Halbraupe, Preis 1941: ca. 6222.– RM (Grundausführung)
Kühlung	Wasser	Stückzahlen	–

Normag – Nordhäuser Maschinenbau – war zunächst in Nordhausen im Harz beheimatet (Gründung 1938), nach dem Krieg aber nach Hattingen/Ruhr ausgewandert. In die Nordhauser Betriebsstätten zog der VEB IFA Nordhausen ein und produzierte ebenfalls Traktoren.
Die Konstrukteure von Normag brachten außergewöhnliche technische Lösungen auch bei kleinen Traktoren auf den Markt: den Zapfwellenkraftheber, oder den Zweitakt-Dieselmotor mit separatem Spülkolben. Dieser war in einer 60°-Stellung zum Arbeitskolben angeordnet und sollte zusätzlich Luft in den Verbrennungsraum drücken. Damit sollte mehr Leistung bzw. eine günstigere Leistungscharakteristik erreicht werden.
Ende der 50er Jahre wurde der Traktorenbau schon wieder eingestellt, nach dem man gerade noch 2% Marktanteil innehielt. Porsche bzw. Renault übernahmen noch die Ersatzteilversorgung, das Unternehmen selbst erlosch dann im Jahre 1966. (11)

Technische Daten Normag NG 35 A

Motor	Viertakt-Diesel BM35	Gewicht (kg)	2060
Zylinder	2	Getriebe/Gänge (V/R)	5/1 (Eigenbau)
Bohrung × Hub	115 × 150	Länge × Breite (mm)	3210 × 1730
Hubraum (cm^3)	3120	Geschwindigkeit (km/h)	19
Leistung (PS)	35	Baujahr/Prod.-Zeitraum	1953
Drehzahl (U/min)	1500	Besonderheiten	Größter, von Normag selbst gebauter Motor
Kühlung	Wasser	Stückzahlen	1956: alle Typen zusammen 1909

Georg R. Wille durfte mit alliierter Genehmigung gleich nach dem Krieg in Hamburg landwirtschaftliche Geräte herstellen. Er baute aus Jeep-Teilen kleine Allradschlepper und bot sie unter dem Kürzel „Gerwi" an. Verschiedenste Motoren kamen zum Einsatz: Horex-, ILO-, Zündapp-Vergasermotoren, Zanker- oder Bauscher-Zweitaktdiesel oder der Deutz F1M414 aus dem „Elfer-Deutz".
1950 kam der Kaufmann Georg Westermann hinzu, und Wille verließ das Unternehmen nach kurzer Zeit – im Streit. Westermann führte es unter dem Namen „Norddeutsche Traktorenfabrik Franz Westermann" weiter und baute die allradgetriebenen Nordtrak-Traktoren.
Die Verwendung von Jeepteilen hatte den Vorteil, daß auch deren Bereifung verwendet werden konnte. Kurz nach dem Krieg war die Beschaffung von brauchbaren Traktorenreifen das größte Problem.

Technische Daten Gerwi Motor Stier

Motor	Viertakt-Diesel F1M414	Gewicht (kg)	1100
Zylinder	1	Getriebe/Gänge (V/R)	3/1 + Untersetzung (Jeep-Getriebe)
Bohrung × Hub	90 × 120	Länge × Breite (mm)	2300 × 1350
Hubraum (cm^3)	1099	Geschwindigkeit (km/h)	ca. 30
Leistung (PS)	11	Baujahr/Prod.-Zeitraum	1949
Drehzahl (U/min)	1500	Besonderheiten	Achsen, Getriebe, Lenkung vom Willys Jeep, Vorderradbremse stillgelegt, Hinterradbremse von Hydraulik auf Mechanik umgebaut (serienmäßig), Vorderachsfederung
Kühlung	Wasser	Stückzahlen	erstes Halbjahr 1950: 95

Nach der Trennung der beiden Mitinhaber Wille und Westermann führte letzterer das Unternehmen als Firma „Nordtrak Norddeutsche Traktorenfabrik Franz Westermann“ weiter. Jetzt wurden eigenständige Traktorkonstruktionen vorgestellt und in Serie produziert. Entscheidendes Merkmal waren der Allradantrieb mit gleich großen Rädern. Die Motoren und die Getriebe wurden zugekauft, wobei unterschiedliche Lieferanten zum Zuge kamen.

Die Nordtrak-Stiere wurden vor allem ins Ausland erfolgreich verkauft, insbesondere nach Südamerika. Dies verhinderte aber nicht, daß mit den wieder erstarkten, großen Traktorenherstellern manche kleine Anbieter nicht mithalten konnten. Nicht anders erging es auch Franz Westermann mit seinen Nordtrak-Schleppern. 1956 mußte die Firma Konkurs anmelden und die Produktion dieser fortschrittlichen Konstruktionen einstellen.

Technische Daten Nordtrak Stier ST 25

Motor	Zweitakt-Diesel Hatz F2S Direkteinspritzer	Gewicht (kg)	ca. 2000
Zylinder	2	Getriebe/Gänge (V/R)	5/1 (Ford-Lkw)
Bohrung × Hub	105 × 135	Länge × Breite (mm)	2870 × 1620
Hubraum (cm³)	2250	Geschwindigkeit (km/h)	20
Leistung (PS)	26	Baujahr/Prod.-Zeitraum	1953
Drehzahl (U/min)	1500	Besonderheiten	Getriebe stammt vom Ford-Lkw
Kühlung	Wasser	Stückzahlen	Export nach Übersee (insbes. Südamerika): ca. 400

Es war Henry Ford, der in den Vereinigten Staaten ab 1915 die Idee umsetzte, gebrauchsfähige, erschwingliche Traktoren zu bauen. Die Fordson-Schlepper kamen über England in ganz geringen Stückzahlen ins Deutsche Reich und beeindruckten die Fachwelt.
Die Pöhl-Werke AG in Gößnitz reagierten rasch und stellten ab 1918/19 die „Pöhl-Universal-Ackerbaumaschine" vor. Positiv wirkte sich die schon recht lange Erfahrung im Bau von Zugmaschinen und Motorpflügen aus.
Pöhl kam dem Traktor schon recht nahe: Rahmenkonstruktion, Motor vorne aufgebaut, große hintere Antriebsräder, Riemenscheibe. Ein großer Nachteil war der hohe Preis: der Fordson lag 1929 bei 4365.–RM, der Pöhl zwischen 6500.– und 7300.–RM. Zunächst wurden Kämper-Vergasermotoren eingebaut, später kamen auch Dorner-Dieselmotoren zum Zuge. Bedingt durch die Weltwirtschaftskrise mußte Pöhl den Traktorenbau 1932 einstellen. (6)

Technische Daten Pöhl-Ackerbaumaschine

Motor	Vierzylinder-Viertakt-Vergaser (Kämper)	Gewicht (kg)	2100–3200
Zylinder	4	Getriebe/Gänge (V/R)	3/1
Bohrung × Hub	90 × 140	Länge × Breite (mm)	3600 × 1700
Hubraum (cm³)	3560	Geschwindigkeit (km/h)	3,5/5,8/8,4
Leistung (PS)	30	Baujahr/Prod.-Zeitraum	1918/19–ca. 1932
Drehzahl (U/min)	1000	Besonderheiten	Benzin-/Benzolmotor, Konuskupplung, höhenverstellbare Hinterräder
Kühlung	Wasser	Stückzahlen	bis 1928 ca. 1000

Nur acht Jahre, von 1956 bis 1963, produzierte Porsche in Friedrichshafen Schlepper, wobei ja schon seit 1950 eine enge Zusammenarbeit mit der Uhinger Firma Allgaier bestanden hatte, die zum gemeinsamen Produkt Allgaier-Porsche-Schlepper führte.
Die Porsche-Dieselmotorenbau GmbH lag 1958 auf dem zweiten Platz in der Zulassungsstatistik! Die formschönen, roten Porsche-Schlepper erfreuen sich auch heute noch großer Wertschätzung. Auch technisch waren sie z.B. durch die ölhydraulische Strömungskupplung (Fabrikat Voith) ihrer Zeit weit voraus.
Der Dreizylinder-Typ Super in der Exportversion präsentiert sich hier auf einem Schleppertreffen in einem schönen Originalzustand mit Verdeck.

Technische Daten Porsche Super Export

Motor	Viertakt-Diesel	Gewicht (kg)	1825
Zylinder	3	Getriebe/Gänge (V/R)	8/2 ZF
Bohrung × Hub	95 × 116	Länge × Breite (mm)	2970 × 1595
Hubraum (cm^3)	2625	Geschwindigkeit (km/h)	20
Leistung (PS)	34	Baujahr/Prod.-Zeitraum	1963
Drehzahl (U/min)	2300	Besonderheiten	Letztes Jahr der Schlepperproduktion, Doppelkupplung u. ölhydraul. Strömungskupplung
Kühlung	Luft	Stückzahlen	–

Stärkster Schlepper der Porsche-Dieselmotorenbau GmbH, Friedrichshafen, war der Master. Er war mit vier Zylindern und 50 PS natürlich besonders geeignet für die aufkommenden Zapfwellengeräte wie gezogene Mähdrescher, Feldhäcksler oder Vollernter, die hohe Zug- und Zapfwellenkraft verlangten. Damit war er das Flaggschiff der Porsche-Schlepper: man konnte sich nun zu den Anbietern von leistungsstarken Traktoren zählen. Obwohl sie technisch anspruchsvoll und dennoch robust waren, ließen die Verkaufserfolge zu wünschen übrig. Firmen- und konzerninterne Aspekte waren der Grund, weshalb 1963 überraschend entschieden wurde, aus dem Traktorenbau auszusteigen. Selbst Überlegungen, MAN- oder Unimog-Motoren einzubauen, halfen nichts. Renault sicherte noch die Ersatzteilversorgung, heute werden in den Fertigungsstätten MTU-Erzeugnisse hergestellt.

Technische Daten Porsche Master

Motor	Viertakt-Diesel	Gewicht (kg)	2450
Zylinder	4	Getriebe/Gänge (V/R)	7/1 oder 8/4 ZF
Bohrung × Hub	98 × 116	Länge × Breite (mm)	3380 × 1830
Hubraum (cm^3)	3289	Geschwindigkeit (km/h)	20
Leistung (PS)	50	Baujahr/Prod.-Zeitraum	ab 1960
Drehzahl (U/min)	2000	Besonderheiten	Doppelkupplung + ölhydraulische Strömungskupplung
Kühlung	Luft	Stückzahlen	–

1957 ließ die Porsche Diesel GmbH die Fertigung in Friedrichshafen anlaufen, nachdem sich Allgaier-Porsche in Uhingen dazu entschlossen hatte, am dortigen Standort keine Traktoren mehr zu bauen. Für die Mitarbeiter hieß es mitgehen und umziehen oder in Uhingen bei Allgaier nicht im Traktorenbau zu arbeiten. Das neue Werk am Bodensee, es waren die ehemaligen Dornier-Anlagen, war auf ca. 20000 Einheiten pro Jahr ausgelegt.

Der Einzylinder-Typ hieß Junior, der mit zwei Zylindern Standard, der Super hatte drei und der Master vier Zylinder. Den technischen Merkmalen und der äußeren Form war noch die Verwandschaft zu den Allgaier- bzw. Allgaier-Porsche-Schleppern anzusehen.
Auch Porsche bot einen Schmalspurschlepper an und verkaufte geringe Stückzahlen davon.

Technische Daten Porsche Junior Schmalspur 108 S

Motor	Viertakt-Diesel	Gewicht (kg)	ca. 800
Zylinder	1	Getriebe/Gänge (V/R)	6/2 (ZF)
Bohrung × Hub	95 × 116	Länge × Breite (mm)	2335 × 1000
Hubraum (cm^3)	822	Geschwindigkeit (km/h)	20
Leistung (PS)	14	Baujahr/Prod.-Zeitraum	1959
Drehzahl (U/min)	2250	Besonderheiten	seltene Schmalspurversion
Kühlung	Luft	Stückzahlen	–

Die Passauer Maschinenfabrik von Erich Röhr stieg nach dem Krieg in den Traktorenbau ein. Auch Röhr wollte am steigenden Bedarf an Traktoren in der Landwirtschaft teilhaben. Motor und Getriebe wurden gekauft (MWM und Hurth bzw. ZP). Röhr wollte sich in einer Marktnische festsetzen und bot rasch auch Traktoren mit hoher Leistung sowie Raupenschlepper an. Die Palette umfaßte Schlepper mit 17, 20, 24, 28, 40 und 60 PS. Die Produktion wurde nach Landshut verlagert und ausgeweitet. Über 600 gebaute Traktoren kam Röhr aber nie hinaus, zu wenig, um eine umfangreiche Modellpalette kostengünstig aufrechterhalten zu können. Nachdem sich nie befriedigende Verkaufszahlen eingestellt hatten, beendete Röhr 1955 die Traktorenproduktion wieder.

Technische Daten Röhr R 40

Motor	Viertakt-Diesel MWM KDW 415 D	Gewicht (kg)	2050
Zylinder	3	Getriebe/Gänge (V/R)	5/1 (ZP)
Bohrung × Hub	100 × 150	Länge (mm)	3100
Hubraum (cm^3)	3534	Geschwindigkeit (km/h)	20
Leistung (PS)	40	Baujahr/Prod.-Zeitraum	1951–1955
Drehzahl (U/min)	1500	Besonderheiten	Serienausstattung (!) mit elektr. Anlage, Lenkbremse, Zapfwelle, Riemenscheibe, Differentialsperre
Kühlung	Wasser	Stückzahlen	–

Schlüter ist zweifelsohne ein Hersteller mit ganz besonderer Ausstrahlung. Der talentierte Mechaniker und Schlosser Anton Schlüter hatte schon Ende des 19. Jahrhunderts erfolgreich Motoren gebaut, die u.a. Schiffe antrieben, aber auch als Stationärmotoren in Fabriken liefen. Mitte der 30er Jahre wurde der Traktorenbau aufgenommen. Zunächst waren es Ein- und Zweizylindermodelle mit Schlüter-Motoren und ZF- oder Prometheus-Getriebe.

Ab Mitte der 60er Jahre war klar festzustellen, daß sich Schlüter von einer recht umfangreichen Typenpalette weg zum Anbieter von leistungsstarken Traktoren entwickeln wollte. Damit war der Weg von hohen Stückzahlen zum Nischenanbieter vorgezeichnet.
Die Familie Schlüter leitete zu dieser Zeit das Unternehmen nun schon in der dritten Generation. (13)

Technische Daten Schlüter AS 502

Motor	Viertakt-Diesel Schlüter Schwenkkammer-Motor	Gewicht (kg)	ca. 3000
Zylinder	3	Getriebe/Gänge (V/R)	5/1 oder 7/2 (ZF)
Bohrung × Hub	115 × 155	Länge × Breite (mm)	3560 × 1865
Hubraum (cm^3)	4830	Geschwindigkeit (km/h)	20 oder 30
Leistung (PS)	50	Baujahr/Prod.-Zeitraum	1961
Drehzahl (U/min)	1500	Besonderheiten	auf Wunsch Schnellgang und 2 Kriechgänge, Halbrahmenbauweise
Kühlung	Wasser	Stückzahlen	–

Schon Mitte der 60er Jahre konnte Schlüter Traktoren mit 80 PS anbieten und erfolgreich verkaufen. Bald war der Slogan „bärenstarke Schlepper" in aller Munde. Die ZF-Getriebe wurden durch Synchronisierung auch in den Gruppenschaltungen sowie die Einführung von Lastschaltstufen verbessert. Die Schlüter-Besitzer waren fast durchweg sehr zufrieden mit den Maschinen, die auch eine sehr hohe Lebensdauer erreichen konnten.

Ende der 60er, Anfang der 70er Jahre, stieß Schlüter dann in den 100-PS-Bereich vor. Dieser 100 PS starke 1050 TV verdingt sich nach Jahren harter Feldarbeit immer noch als Hof- und Frontladerschlepper.
Der Besitzer hat übrigens drei Schlüter verschiedener Generationen, so kann die Entwicklung über die Jahre hinweg sehr gut betrachtet werden. Auch er ist mit den Maschinen hochzufrieden.

Technische Daten Schlüter 1050 TV

Motor	Viertakt-Diesel Schlüter-Direkteinspritzer Turbo	Gewicht (kg)	ca. 3400
Zylinder	4	Getriebe/Gänge (V/R)	12/6 (ZF)
Bohrung × Hub	110 × 125	Länge × Breite (mm)	3950 × 2050
Hubraum (cm^3)	4752	Geschwindigkeit (km/h)	30
Leistung (PS)	100	Baujahr/Prod.-Zeitraum	1972
Drehzahl (U/min)	1300	Besonderheiten	Traktomobil-Kabine mit Schiebetüren, Turbolader
Kühlung	Wasser	Stückzahlen	–

Schlüter baute immer stärkere Traktoren, ideal geschaffen für Großbetriebe und Lohnunternehmer. Kräftige Motoren mit viel Hubraum, die hohe Belastungen wegstecken konnten, vielstufige Getriebe mit Synchronisation und hohe Hubkräfte an der Hydraulik machten sie zu vielseitig verwendbaren Maschinen.
Der abgebildete 1250 VL ist aber heute mit dieser Kreiselegge, nach Angaben des Besitzers, bei ungünstigen Boden- und Witterungsverhältnissen schon gefordert, wenn nicht gar überfordert.
Für den Arbeitsplatz des Landwirts wurde im Laufe der Weiterentwicklung auch etwas getan: die Komfort-Kabinen mit Durchstieg hoben sich von der Konkurrenz ab. Besonderen Wert legte Schlüter auf die gepolsterten, gefederten und längenverstellbaren Farmer-Clubsessel als Fahrersitz.

Technische Daten Schlüter 1250 VL

Motor	Viertakt-Diesel Schlüter-Direkteinspritzer	Gewicht (kg)	ca. 3400
Zylinder	6	Getriebe/Gänge (V/R)	12/5 (ZF)
Bohrung × Hub	110 × 125	Länge × Breite (mm)	4500 × 2280
Hubraum (cm^3)	7128	Geschwindigkeit (km/h)	40
Leistung (PS)	130	Baujahr/Prod.-Zeitraum	1975
Drehzahl (U/min)	1300	Besonderheiten	handhydraulisch kippbare Kabine, ZF-Allrad-Vorderachse, Turbokupplung (Schlüter-Hydromatic)
Kühlung	Wasser	Stückzahlen	–

Die Super-Trac-Reihe zu Beginn der 90er Jahre war ein Zeichen der konsequenten Weiterentwicklung der Schlüter-Traktoren. Trotz rückläufiger Absatzzahlen werden weiterhin höchste technische Ansprüche befriedigt. Bei Schlüter blieben kaum Wünsche offen.

Im 1700 LS ist noch ein echter Schlüter-Motor eingebaut. Stärkere Aggregate werden zukünftig von MAN bezogen. Turbolader, Lastschaltungen, die jetzt serienmäßige Schlüter-Hydromatic oder die hydraulisch kippbare Super-Silence-Kabine sind einige Konstruktionsmerkmale.

Der 1700 LS wurde im Rahmen von Versuchen 1993 auch als Bio-Traktor angeboten. In Zusammenarbeit mit der Landtechnik Schönebeck AG wurde ein Motor eingebaut, der mit Rapsöl und Rapsölmethylester (RME) betrieben werden kann.

Technische Daten Schlüter Super-Trac 1700 LS

Motor	Viertakt-Diesel SF950	Gewicht (kg)	ca. 6000
Zylinder	6	Getriebe/Gänge (V/R)	24/10 elektrohydraulisches Lastschaltgetriebe
Bohrung × Hub	110 × 125	Länge × Breite (mm)	5750 × 2500
Hubraum (cm^3)	7128	Geschwindigkeit (km/h)	40 oder 50
Leistung (PS)	170	Baujahr/Prod.-Zeitraum	1992
Drehzahl (U/min)	2200	Besonderheiten	druckluftbetätigte Differentialsperren, Zapfwelle auf Wunsch rechtslaufend
Kühlung	Wasser	Stückzahlen	–

Mit dem Schlüter Euro-Trac sollte die Trac-Technik von morgen erreicht werden. Das war der Slogan der 90er Jahre. Ein gigantischer Traktor, wenn auch nicht der größte von Schlüter. Alle neuesten Erkenntnisse der modernen Landtechnik sind verwirklicht. Leichte Bedienung, modernste, vielstufige Getriebe, über 8 t Hubkraft an der Hydraulik, EHR, Anschluß für Bordcomputer – kurzum ein moderner Traktor mit einem nach neuesten Erkenntnissen ausgestatteten Arbeitsplatz. Inzwischen wurden auch MAN-Motoren verwendet. Auch für diese großen Maschinen ist der Führerschein Klasse 2 erforderlich.
Letztlich ist aber auch die Zukunft der Marke Schlüter ungewiß: die Fertigung auf Bestellung, oder die kurzzeitige Verlagerung zur LTS Landtechnik Schlüter GmbH in die neuen Bundesländer, oder der Aufbau aus Ersatzteilen. Viele Möglichkeiten wurden erprobt, eine endgültige Lösung scheint nicht in Sicht.

Technische Daten Schlüter Euro-Trac 1400 LS

Motor	Viertakt-Diesel MAN Turbo	Gewicht (kg)	ca. 6700
Zylinder	6	Getriebe/Gänge (V/R)	24/10 elektrohydraulisches Lastschaltgetriebe
Bohrung × Hub	108 × 125	Länge × Breite (mm)	5340 × 2500
Hubraum (cm^3)	6871	Geschwindigkeit (km/h)	40 oder 50
Leistung (PS)	135	Baujahr/Prod.-Zeitraum	1993
Drehzahl (U/min)	2200	Besonderheiten	gedrosselter Lkw-Motor, Unterflur eingebaut, hydraulisch aufnehmbares und verschiebbares Ballastgewicht (über 1 t), hydraulisch kippbare Kabine
Kühlung	Wasser	Stückzahlen	bis 1998: 101

Die auf der vorhergehenden Seite genannte LTS (Land-Technik Schönebeck), nach der Wende aus den VEB IFA Traktorenwerken Schönebeck entstanden, fertigte als volkseigener Betrieb zuletzt die ZT-Traktoren. Nach der Wiedervereinigung wurde dort der Bau von Systra-Systemschleppern aufgenommen. Gleich große Räder, Allradantrieb und Allradlenkung sowie Front- und Heckanbau sollten aus ihm den idealen Geräteträger, Hof- und Pflegeschlepper machen.
Kurzzeitig stand das S für Schlüter: einige Monate wurden bei LTS in der Tat Schlüter-Traktoren gebaut. Der Trac-Technik blieb man treu: Der LTS LT-Trac 160, ganz unverkennbar die MB-Trac-Konstruktion soll der Firma das Überleben sichern.

Technische Daten LTS Systra 550

Motor	Viertakt-Diesel KHD F4 L 1011	Gewicht (kg)	ca. 2900
Zylinder	4	Getriebe/Gänge (V/R)	12/12 Wendegetriebe Carraro oder hydrostatischer Antrieb)
Bohrung × Hub	91 × 105	Länge × Breite (mm)	3990 × 1540
Hubraum (cm^3)	2723	Geschwindigkeit (km/h)	40
Drehzahl (U/min)	2200	Baujahr/Prod.-Zeitraum	1995
Kühlung	Luft/Öl	Besonderheiten	Allradlenkung (auch im „Hundegang“), Front- und Heckzapfwelle, Preis: ca. 65000.– DM

Die Großhessische Truck Company baute nach dem Krieg aus GMC-Lkw-Teilen einen Allradschlepper „Ursus". Gegen die Ursus-Werke hatte die Fa. Ursus aus Polen, die ihrerseits den Lanz-Bulldog nachbaute, Einwände bezüglich der Namensgebung, weshalb die Firma schlicht in Urus umfirmiert wurde.
Die ab 1954 entwickelten Allradschlepper B28 und B40 hatten gleich große Räder, wassergekühlte MWM-Motoren, auf Wunsch Zapfwelle und Riemenscheibe sowie eine Dreipunktaufhängung.
Ein wirtschaftlicher Erfolg war dem Werk nicht vergönnt: 1959 mußte der Traktorenbau mit diesen doch recht fortschrittlichen Konstruktionen wieder eingestellt werden. Mit dem Urus Bambi war sogar ein Zwei-Richtungs-Schlepper entwickelt und in wenigen Exemplaren verkauft worden.
Die Seilwinde dieses Urus-Schleppers wurde vermutlich als Eigenbau des Händlers Gorgosch in Offenbach angebaut. Sie hat vier (!) Gänge für Forst- und Feldarbeiten und einen Zapfwellendurchtrieb.

Technische Daten Urus Typ B

Motor	Viertakt-Diesel MWM KDW 415 Z Wirbelkammer	Gewicht (kg)	2360
Zylinder	2	Getriebe/Gänge (V/R)	5/1 (Renk SGA 22–5)
Bohrung × Hub	100 × 150	Länge × Breite (mm)	2900 × 1600
Hubraum (cm^3)	2356	Geschwindigkeit (km/h)	20
Leistung (PS)	28	Baujahr/Prod.-Zeitraum	1953
Drehzahl (U/min)	1500	Besonderheiten	Pflug-Seilwinde, GMC-Vorderachse, Bremsen vorne stillgelegt (serienmäßig)
Kühlung	Wasser	Stückzahlen	–

Die VEB Schlepperwerke Nordhausen (Harz) gingen im Jahr 1949 nach Demontagen aus den ehemaligen Produktionsstätten von Orenstein und Koppel (bzw. MBA) sowie Normag hervor. Die „Brockenhexe", ein Traktor der leichten Leistungsklasse, entstand nach Vorkriegs-Konstruktionsplänen von O & K bzw. MBA. In den großen Schlägen der nach sowjetischem Vorbild umstrukturierten DDR-Landwirtschaft bewährte sich die Brockenhexe allerdings nicht: für die Motorleistung war der Schlepper zu schwer geraten. Nach wenigen hundert Exemplaren wurde der Bau wieder eingestellt. Ab 1950 wurde in demselben Werk der Radtraktor Pionier gebaut. (4)

Technische Daten Radtraktor RS 02/22 Brockenhexe

Motor	Viertakt-Diesel	Gewicht (kg)	1700
Zylinder	2	Getriebe/Gänge (V/R)	4/1 (ZF-Lizenz)
Bohrung × Hub	100 × 140	Länge × Breite (mm)	2800 × 1700
Hubraum (cm^3)	2200	Geschwindigkeit (km/h)	17
Leistung (PS)	22 (16,2 kW)	Baujahr/Prod.-Zeitraum	1950/1949–1952
Drehzahl (U/min)	1500	Besonderheiten	Motor geht auf Deutz- Konstruktion F2M414 zurück, das Getriebe auf das ZF F12
Kühlung	Wasser	Stückzahlen	–

Der Mehrzweck-Radschlepper RS 04/30, hergestellt im VEB Traktorenwerk Nordhausen (der ehemaligen Normag-Produktionsstätte), kam in den 50er Jahren in der DDR-Landwirtschaft zum Einsatz. Pro Jahr sollen in Nordhausen ungefähr 2000 Stück gebaut worden sein. Für damalige Verhältnisse war der RS 04/30 ein Traktor der mittleren Leistungsklasse, der für Pflege- und Erntearbeiten eingesetzt werden konnte. Hierfür war er mit fahrzeugkupplungsunabhängigen Zapfwellen ausgerüstet. Durch Umstellen der Felgen konnte die Spur den Reihenabständen der verschiedenen Feldfrüchte angepaßt werden.
1950 gab es in der DDR 39000 Traktoren, in der BRD 140000. (4)

Technische Daten Radtraktor RS 04/30

Motor	Viertakt-Diesel	Gewicht (kg)	2500
Zylinder	2	Getriebe/Gänge (V/R)	5/2 + 5 Kriechgänge
Bohrung × Hub	115 × 145	Länge × Breite (mm)	3500 × 1600
Hubraum (cm^3)	3012	Geschwindigkeit (km/h)	18
Leistung (PS)	30 (22 kW)	Baujahr/Prod.-Zeitraum	1956/1952–1958
Drehzahl (U/min)	1500	Besonderheiten	Zapfwelle vorne und hinten, Hydraulik
Kühlung	Wasser	Stückzahlen	ca. 2000 pro Jahr

In den nach dem Krieg von den Sowjettruppen demontierten Brennabor-Werken wurde der volkseigene Betrieb VEB IFA Brandenburger Traktorenwerke eingerichtet.
Ab 1949 wurde hier der Radtraktor „Aktivist“ gebaut. Diese Konstruktion erwies sich als wenig geglückt und wurde nur bis ca. 1951 beibehalten: durch den kurzen Radstand von nur 1650 mm neigte der Traktor zum Aufbäumen. Die Leistung war für die großen Parzellen der LPGs nicht ausreichend, die Einsatzmöglichkeiten waren dadurch sehr eingeschränkt.
Bemerkenswertes Detail ist der quer zur Fahrtrichtung angeordnete V-Motor. (4)

Technische Daten Radtraktor RS 03/30 Aktivist

Motor	Viertakt-Diesel	Gewicht (kg)	2100
Zylinder	2 (V-Anordnung)	Getriebe/Gänge (V/R)	4/1
Bohrung × Hub	130 × 150	Länge × Breite (mm)	2900 × 1600
Hubraum (cm³)	3325	Geschwindigkeit (km/h)	17,8
Leistung (PS)	30 (22 kW)	Baujahr/Prod.-Zeitraum	1951/1949–1951
Drehzahl (U/min)	1500	Besonderheiten	Riemenscheibe, Zapfwelle und Mähwerk
Kühlung	Wasser	Stückzahlen	–

In den Horch-Werken Zwickau (allerdings nur zu Beginn des Produktionszeitraumes) und im VEB Schlepperwerk Nordhausen wurde ab 1950 der Pionier gebaut. Er entwickelte sich zum Standardfahrzeug der Maschinen-Traktoren-Stationen (MTS). Mit dem vergleichsweise kräftigen und relativ modernen Motor wurde der RS01/40 für die ersten 10 bis 15 Jahre der DDR-Landwirtschaft zu dem am weitesten verbreiteten Traktor und erfreute sich dort wegen seiner Zuverlässigkeit großer Beliebtheit.

Der Pionier geht auf eine Konstruktion der FAMO-Werke Breslau aus dem Jahre 1936 (!) bzw. der Firma Linke-Hofmann-Busch zurück. (4)

Technische Daten Radtraktor RS 01/40 Pionier

Motor	Viertakt-Diesel (Wirbelkammer)	Gewicht (kg)	3320
Zylinder	4	Länge × Breite (mm)	3650 × 1720
Bohrung × Hub	105 × 145	Getriebe/Gänge (V/R)	5/1
Hubraum (cm^3)	5022	Geschwindigkeit (km/h)	17,5
Leistung (PS)	40 (29,4 kW)	Baujahr/Prod.-Zeitraum	1952/1950–1956 bzw. 1960
Drehzahl (U/min)	1250	Besonderheiten	Blockbauweise, Zapfwelle, Funkenschutz im Auspuff
Kühlung	Wasser	Stückzahlen	Horch-Werke: 2605, Nordhausen ca. 2000 pro Jahr

Das Nachfolgemodell des Radtraktors Pionier wurde der Typ Harz RS01/40 II. Im VEB IFA Schlepperwerk Nordhausen wurde er ab 1956 gebaut. Die Haube wurde in modernerer Form ausgeführt, die hydraulische Dreipunktaufhängung war die wichtigste technische Änderung. Es gab sowohl Acker- als auch Straßenausführungen mit unterschiedlichen Getriebeabstufungen und Endgeschwindigkeiten.

Mit dem 40 PS starken Vierzylinder-Dieselmotor wurde der „Harz" zu einem der wichtigsten Fahrzeuge der Maschinen-Traktoren-Stationen der DDR-Landwirtschaft.
1960 war der Bestand insgesamt in der DDR auf 71000 Stück gewachsen (in der BRD über 10mal so viel). (4)

Technische Daten Radtraktor RS 01/40 II Harz

Motor	Viertakt-Diesel (Wirbelkammer)	Gewicht (kg)	3320
Zylinder	4	Länge × Breite (mm)	3420 × 1720
Bohrung × Hub	105 × 145	Getriebe/Gänge (V/R)	5/1
Hubraum (cm^3)	5022	Geschwindigkeit (km/h)	17,5
Leistung (PS)	40 (29,4 kW)	Baujahr/Prod.-Zeitraum	1958/1956–1960
Drehzahl (U/min)	1250	Besonderheiten	hydraulische Dreipunktaufhängung
Kühlung	Wasser	Stückzahlen	ca. 3000

Ende der 50er Jahre wurde der Famulus-Schlepper im VEB IFA Schlepperwerk Nordhausen entwickelt. Er ging auf eine „Favorit“-Konstruktion von 1956 aus demselben Werk zurück. Der Motor kam aus dem Lkw-Bau (Horch-Sachsenring), wo man einen Vierzylinder-Motor halbiert hatte.
Der Mehrzwecktraktor sollte alle Arbeiten in der Landwirtschaft übernehmen können und war daher mit Dreipunktaufhängung, Zapfwellen und Mähwerk ausgerüstet. Sogar eine Allradvariante war geplant, bzw. sollte ein Umbau zum Allradschlepper möglich sein. Die hohe Endgeschwindigkeit ermöglichte auch einen Einsatz im Transportgewerbe. Es wurden wasser- oder luftgekühlte Motoren eingebaut, deren Leistungen in späteren Jahren bis auf 40 PS gesteigert wurden. (4)

Technische Daten Radtraktor Famulus RS 14/30

Motor	Viertakt-Diesel (Wirbelkammer)	Gewicht (kg)	2100
Zylinder	2	Länge × Breite (mm)	3400 × 1520
Bohrung × Hub	115 × 145	Getriebe/Gänge (V/R)	10/2 in 2 Gruppen
Hubraum (cm³)	3280	Geschwindigkeit (km/h)	28
Leistung (PS)	33 (24,2 kW)	Baujahr/Prod.-Zeitraum	1959/1959–1966
Drehzahl (U/min)	1500	Besonderheiten	Zapfwelle vorne und hinten, hydraulische Dreipunktaufhängung
Kühlung	Wasser	Stückzahlen	gesamt alle Ausführungen: 69 694

Die DDR-Landwirtschaft benötigte für Pflegearbeiten Geräteträger und stieg recht früh intensiv in die Entwicklung dieser Traktoren ein. Der volkseigene Betrieb Traktorenwerk Schönebeck (Elbe) stellte ab 1953 den Geräteträger RS 08/15 „Maulwurf" her. Entsprechend dem Verwendungszweck blieb auch bei diesem Typ die Motorleistung vorerst bescheiden. Wichtiger war die universelle Verwendungsmöglichkeit mit mehreren Anbauräumen für Geräte. Als Antriebsaggregate kamen zunächst Benzinmotoren zum Einsatz, die sich ähnlich schlecht behaupten konnten, wie in allen übrigen Fällen im Traktorenbau auch. (4)

Technische Daten Geräteträger RS 08/15 Maulwurf

Motor	Zweitakt-Benzin	Gewicht (kg)	1380
Zylinder	2	Getriebe/Gänge (V/R)	8/8
Bohrung × Hub	76 × 76	Länge × Breite (mm)	3320 × 167
Hubraum (cm^3)	690	Geschwindigkeit (km/h)	15
Leistung (PS)	15 (11 kW)	Baujahr/Prod.-Zeitraum	1955/1953–1957
Drehzahl (U/min)	3000	Besonderheiten	Zwillingsbereifung hinten
Kühlung	Luft	Stückzahlen	–

Auch in der DDR-Landwirtschaft war ein Bedarf für Schmalspurtraktoren vorhanden. Speziell für den Hopfenanbau wurde Anfang der 60er Jahre aus dem Geräteträger RS 09 der Hopfentraktor RS 56-2 entwickelt.
Schmale Spur für die Pflanzreihen, Anbaumöglichkeiten für die unterschiedlichsten Pflegegeräte und Wendigkeit waren wichtige Voraussetzungen für den Einsatz in Sonderkulturen. Die Motorleistung stand zum Zeitpunkt der Entwicklung für diese Schlepper an zweiter Stelle. Das Antriebsaggregat, immerhin ein Viertakt-Dieselmotor, wurde im Dieselmotorenwerk Schönebeck/Elbe gebaut. (4)

Technische Daten Hopfentraktor RS 56-2

Motor	2 KVD, 9 SVL Viertakt-Diesel	Gewicht (kg)	1380
Zylinder	2	Getriebe/Gänge (V/R)	–
Bohrung × Hub	–	Spurweite mm	900–1150
Hubraum (cm^3)	1145	Geschwindigkeit (km/h)	15
Leistung (PS)	16 (12 kW)	Baujahr/Prod.-Zeitraum	1962
Drehzahl (U/min)	3000	Besonderheiten	verstellbare Spur, Zapfwelle
Kühlung	Luft	Stückzahlen	–

Durch Einflüsse der Landwirtschaft der ehemaligen Sowjetunion und durch die großen Schläge nach der Neuordnung der Landwirtschaft bestand auch ein Bedarf an starken Raupenschleppern. Radtraktoren, womöglich ohne Allradantrieb, stießen im Dauerbetrieb auf großen Flächen bald an die Grenzen ihrer Leistungsfähigkeit.

Der Kettentraktor KS 07 wurde im VEB Brandenburger Traktorenwerke gebaut und ging auf die FAMO-Raupe „Rübezahl“ zurück. Das aus dem Kämper-Dieselmotor hervorgegangene Triebwerk wurde beibehalten. Das Kastenlaufwerk war ungefedert. Natürlich wurde die Maschine auch außerhalb der Landwirtschaft eingesetzt. (4)

Technische Daten Kettentraktor KS 07

Motor	Viertakt-Diesel Wirbelkammer	Gewicht (kg)	7900
Zylinder	4	Länge × Breite (mm)	4000 × 1600
Bohrung × Hub	125 × 175	Getriebe/Gänge (V/R)	3/1
Hubraum (cm^3)	8586	Geschwindigkeit (km/h)	8
Leistung (PS)	63 (46 kW)	Baujahr/Prod.-Zeitraum	1952–1955
Drehzahl (U/min)	1150	Besonderheiten	Benzin-Anlaßvorrichtung, Hydraulik
Kühlung	Wasser	Stückzahlen	–

Aus dem Kettentraktor KS 07 wurde ab 1959 der KS 30 entwickelt. Vor allem das Fahrwerk wurde überarbeit und modernisiert. Wichtigstes Merkmal waren nun die einzeln gefederten Laufrollen. Dadurch verbesserten sich die Fahreigenschaften und Zugleistungen der Raupe erheblich. Auch der KS 30 wurde zu einem erfolgreichen Fahrzeug der DDR-Landwirtschaft, wo Kettenschlepper viel häufiger eingesetzt wurden als zu diesem Zeitpunkt in der westdeutschen Landwirtschaft.
Es gab Varianten mit breiten oder schmalen Raupenketten für vielseitigste Einsatzmöglichkeiten auf dem Feld, im Brachland, im Moor oder im Forst. Die letzten Typen des Kettentraktors KS 30 erfuhren dann noch eine Leistungssteigerung auf ca. 90 PS. (4)

Technische Daten Kettentraktor KS 30 Urtrak

Motor	Viertakt-Diesel Wirbelkammer	Gewicht (kg)	5200
Zylinder	4	Länge × Breite (mm)	3500 × 1650
Bohrung × Hub	125 × 175	Getriebe/Gänge (V/R)	4/1
Hubraum (cm^3)	8586	Geschwindigkeit (km/h)	9
Leistung (PS)	63 (46 kW)	Baujahr/Prod.-Zeitraum	1960/1959–1964
Drehzahl (U/min)	1150	Besonderheiten	Zapfwelle, Riemenscheibe, Hydraulik
Kühlung	Wasser	Stückzahlen	–

Im VEB IFA Traktorenwerke Schönebeck wurde 1967 die ZT-Baureihe vorgestellt. 1978 wurde das Landmaschinenkombinat „Fortschritt" gegründet und verlieh dem ZT die Zusatzbezeichnung „Fortschritt". Es gab sowohl eine Hinterradausführung als auch allradgetriebene ZT-Traktoren. Diese Ausführungen wurden ab 1985 gebaut. Der Motor stammte aus dem Lkw-Bau und trieb dort den Lastwagen „W50" an. Mit dieser Baureihe strebte die DDR-Traktorenproduktion moderne (westliche) Maßstäbe an und hat sie auch erreicht.
Dieser ZT 323 A wurde nach der Wiedervereinigung in den Westen verkauft, bewährte sich aber vor allem aufgrund mangelnder Hubkraft an der Dreipunkthydraulik nicht.

Technische Daten Zugtraktor ZT 323 A

Motor	Viertakt-Diesel 4 VD 14,5/12-1 SRW	Gewicht (kg)	4880
Zylinder	4	Länge × Breite (mm)	4940 × 2150
Bohrung × Hub	120 × 145	Getriebe/Gänge (V/R)	16/16 (Wendegetriebe mit einer elektr. betätigten Lastschaltstufe
Hubraum (cm^3)	6560	Geschwindigkeit (km/h)	31
Leistung (PS)	100 (73,5 kW)	Baujahr/Prod.-Zeitraum	1987
Drehzahl (U/min)	2000	Besonderheiten	Allradantrieb und Allradbremse, 24-V-Anlage
Kühlung	Wasser	Stückzahlen	1975–1988: ca. 12500

Im Jahre 1908 gründete Hugo Zettelmeyer sein Unternehmen in Konz bei Trier. Zunächst war er ganz auf Dampf als Antriebsenergie spezialisiert und stellte vor allem Straßendampfwalzen her. Ab Mitte der 30er Jahre wurden dann auch Traktoren gebaut. Die wassergekühlten Motoren stammten von Deutz, das Getriebe wurde selbst hergestellt. Es waren Straßenzugmaschinen mit gleich großen Rädern und hinterer Zwillingbereifung.

Der hier gezeigte Z1 aus der Nachkriegszeit ist ein reiner Ackerschlepper.
Zettelmeyer kam nie über ganz geringe Marktanteile hinaus. Schon 1951 faßte das Unternehmen den Entschluß, aus dem Traktorenbau wieder auszusteigen. Der Name ist heute noch bei Baufahrzeugen sehr geläufig: Zettelmeyer-Radlader sind häufig zu sehen.

Technische Daten Zettelmeyer Z 1

Motor	Viertakt-Diesel Deutz F2M 414	Gewicht (kg)	1650
Zylinder	2	Länge × Breite (mm)	2585 × 1665 (Eigenbau)
Bohrung × Hub	100 × 140	Getriebe/Gänge (V/R)	4/1
Hubraum (cm^3)	2198	Geschwindigkeit (km/h)	20
Leistung (PS)	25	Baujahr/Prod.-Zeitraum	1949–1951
Drehzahl (U/min)	1600	Besonderheiten	Deutz-Motor
Kühlung	Wasser	Stückzahlen	–